Hans-Jürgen Kratz

30 Minuten für konstruktives

Kritisieren und Anerkennen

Bibliografische Information Der Deutschen Bibliothek

Die Deutsche Bibliothek verzeichnet diese Publikation in der Deutschen Nationalbibliografie; detaillierte bibliografische Daten sind im Internet über http://dnb.ddb.de abrufbar.

Umschlag und Layout: die imprimatur, Hainburg
Lektorat: Diethild Bansleben, Hanau/Leipzig
Satz: Zerosoft, Timisoara (Rumänien)
Druck und Verarbeitung: Salzland Druck, Staßfurt

Hinweis:
Das Buch ist sorgfältig erarbeitet worden. Dennoch erfolgen alle Angaben ohne Gewähr. Weder Autor noch Verlag können für eventuelle Nachteile oder Schäden, die aus den im Buch gemachten Hinweisen resultieren, eine Haftung übernehmen.

Printed in Germany

ISBN: 978-3-89749-659-0

In 30 Minuten wissen Sie mehr!

Dieses Buch ist so konzipiert, dass Sie in kurzer Zeit prägnante und fundierte Informationen aufnehmen können. Mithilfe eines Leitsystems werden Sie durch das Buch geführt. Es erlaubt Ihnen, innerhalb Ihres persönlichen Zeitkontingents (von 10 bis 30 Minuten) das Wesentliche zu erfassen.

Kurze Lesezeit
In 30 Minuten können Sie das ganze Buch lesen. Wenn Sie weniger Zeit haben, lesen Sie gezielt nur die Stellen, die für Sie wichtige Informationen beinhalten.

- Alle wichtigen Informationen sind blau gedruckt.

- Schlüsselfragen mit Seitenverweisen zu Beginn eines jeden Kapitels erlauben eine schnelle Orientierung: Sie blättern direkt auf die Seite, die Ihre Wissenslücke schließt.

- *Zahlreiche Zusammenfassungen innerhalb der Kapitel erlauben das schnelle Querlesen. Sie sind blau gedruckt und zusätzlich durch ein Uhrsymbol gekennzeichnet, sodass sie leicht zu finden sind.*

- Ein Register erleichtert das Nachschlagen.

Inhalt

Vorwort

Wir wissen zwar, dass Kritik und Anerkennung als konstruktive Führungsmittel betrachtet werden sollen, welche die Arbeitsmoral und die Motivation der Mitarbeiter positiv beeinflussen können. Denn mit Kritik sollen künftige Fehler eliminiert oder falsche Verhaltensweisen verbessert und mit Anerkennung richtige Verhaltensweisen gefestigt werden.
Dennoch begehen Vorgesetzte bewusst oder unbewusst Fehler beim Kritisieren und Anerkennen, die das Selbstwertgefühl der Mitarbeiter negativ berühren und schließlich eine Verschlechterung des Arbeitsklimas und eine Verminderung der Arbeitsleistung bewirken. Da nach wie vor im betrieblichen Alltag bei Kritik und Anerkennung viel „Porzellan zerschlagen wird“, soll dieser Leitfaden Vorgesetzten helfen, Fehlverhalten abzubauen und diese Führungsmittel mit Erfolg für alle Beteiligten zu nutzen.
Wenn in menschlich verbindlicher Form und taktisch kluger Weise kritisiert und anerkannt wird, wird das alle Beteiligte belastende „Gegeneinander“ vermieden und vom harmonischen und die Arbeitsleistung fördernden „Miteinander“ abgelöst.

Übrigens:
Alle folgenden Ausführungen beziehen sich zwar auf den beruflichen Sektor und auf das Verhältnis Vorgesetzter – Mitarbeiter. Tatsächlich lassen sich diese Überlegungen sinngemäß auf viele andere Lebensbereiche übertragen.

So übt Kritik und Anerkennung

eine Großmutter	gegenüber	dem Enkel,
ein Ehemann	gegenüber	seiner „besseren Hälfte“,
ein Lehrer	gegenüber	einer Schülerin,
eine Kundin	gegenüber	einem Verkäufer,
ein Berufsberater	gegenüber	einem Ratsuchenden,
ein Demonstrant	gegenüber	einem Polizisten,
ein Mädchen	gegenüber	seiner Freundin,
eine Ausbilderin	gegenüber	einer Auszubildenden,
ein Journalist	gegenüber	einem Interviewpartner,
ein Pfarrer	gegenüber	einem Konfirmanden oder
eine Politikerin	gegenüber	einem politisch Andersdenkenden.

Sie erkennen: Kritik und Anerkennung begegnen uns überall und immer wieder. Deshalb werden alle Leser den folgenden Ausführungen nützliche Denkanstöße und Erfolg versprechende Handlungsalternativen entnehmen können.

Ein gutes Gelingen wünscht Ihnen

Hans-Jürgen Kratz
www.personaltraining-kratz.de

1. Nutzen Sie die Führungsmittel Kritik und Anerkennung

Als Vorgesetzter gehört es zu Ihren Führungsaufgaben, durch Kontrolle zu ermitteln, ob und in welchem Umfang Ziele erreicht wurden. Dieser Kontrollpflicht werden Sie eher still und unauffällig nachkommen und keinesfalls eine „Staatsaktion“ daraus machen.

1.1 Kommen Sie Ihren Führungsaufgaben nach?

Als Vorgesetzter liegt Ihnen daran, Ihrer Kontrollfunktion den negativen Beigeschmack eines Überwachungs-, Fehlerfindungs-, Schikanierungs- und Bestrafungsinstruments zu nehmen.

Vorrangig denken Sie an Stichprobenkontrollen, deren Wert als „Frühwarnsystem“ unbestritten ist. Sie bemühen sich, die Balance zwischen häufigem Kontrollieren und zu seltener Kontrolle zu halten. Mit häufigen Kontrollen entmündigen Sie Ihre Mitarbeiter und erziehen sie zur Unselbstständigkeit. Zu seltene Kontrollen vergrößern indes das Fehlerrisiko.

Wesentlicher Zweck Ihrer Kontrollen muss die Ergebnisverbesserung sein. Deshalb sind Ihre gewonnenen Erkenntnisse den Mitarbeitern zu eröffnen.

Kontrolle

Soll = Ist	Soll ≠ Ist
Anerkennung	Kritik

Sowohl Kritik als auch Anerkennung sind als Teile der Führungsaufgabe Kontrolle unverzichtbar. Ein Vorge-

setzter, der diese Führungsmittel aus „Nächstenliebe", Mangel an Courage, fehlender Sensibilität oder aus sonstigen Gründen nicht einsetzt, begeht einen schweren Führungsfehler.

1.2 Ist Ihnen das Kritisieren unangenehm?

Manche Vorgesetzte gehen mit Kritik zurückhaltend um oder formulieren sie nur andeutungsweise „durch die Blume". Damit wollen sie möglichen unangenehmen Reaktionen des Mitarbeiters wie Ausflüchten, Angriffen oder etwa beleidigten Rückzug aus dem Wege gehen. So sind Begründungen zu hören wie:

- *„Es ist mir peinlich zu kritisieren, weil auch ich nicht kritisiert werden mag."*
- *„Ich möchte mit meinen Mitarbeitern friedlich auskommen und provoziere doch nicht mit meiner Kritik ein schlechtes Arbeitsklima."*
- *„Ich habe einfach nicht den Mut, meinen Mitarbeitern, die sich gewiss viel Mühe geben, etwas Unangenehmes zu sagen."*

Diese Vorgesetzte verkennen, dass Kritik aufbaut und daher zukünftig bessere Verhaltensweisen und Ergebnisse bringen soll. Wird der Mitarbeiter bei Fehlern oder unzulänglichen Verhaltensweisen nicht kritisiert, betrachtet er sein Tun als richtig und setzt es vielleicht sogar verstärkt fort. Seine Leistung wird hier nicht verbessert, denn er ist sich keiner Schuld bewusst.

Berechtigte Kritik zurückzuhalten nutzt wirklich niemandem. Sie schaden aber dem Betrieb, wenn Sie die Wiederholung von Fehlern oder unzulänglichen Verhaltensweisen nicht verhindern.
Gehen wir davon aus, dass kaum ein Mitarbeiter kaum aus bösem Willen vorsätzlich Fehler produziert. Vielmehr unterlaufen sie ihm im Regelfall, weil er sie nicht erkennt bzw. es nicht besser weiß. Jeder Mitarbeiter möchte ohne Fehler arbeiten, um Erfolge bei der Arbeit zu sehen, die Wertschätzung der Umwelt zu gewinnen und in Übereinstimmung mit dem eigenen Gewissen zu leben.
Nur Faule und Dummköpfe machen keine Fehler. Der Faule tut nichts, der Dumme erkennt seine Fehler nicht oder sieht sie erst gar nicht ein.
Allerdings können ständige Hinweise von Mitarbeitern wie „Wo gehobelt wird, fallen Späne“ oder „Man wird ja wohl mal einen Fehler machen dürfen“ nicht als Erklärungsmodell für Schlampereien und allgemeine Nachlässigkeit akzeptiert werden.
Wenn auch die Forderung nach völlig fehlerfreiem Arbeiten eine blockierende Illusion bleibt, so ist doch stets eine deutliche Fehlerreduzierung anzustreben. Deshalb darf der Vorgesetzte keinesfalls über Kritikwürdiges hinwegsehen. Ansonsten werden geduldete Nachlässigkeiten, die den Vorgesetzten zu keinen „erzieherischen Maßnahmen“ bewegen, allmählich zur Norm, zum üblichen Standard.

Halten Sie eine berechtigte Kritik zurück, so bringen Sie Ihren Mitarbeiter – sicherlich auch das Unternehmen und möglicherweise auch sich selbst – um den Erfolg!

1.3 Hat Anerkennung bei Ihnen Seltenheitswert?

Haben Sie schon Äußerungen von Vorgesetzten gehört wie

- *„Meine Mitarbeiter sollen durch Anerkennung nicht übermütig werden und sich auf ihren Lorbeeren ausruhen. Das sagt auch ein russisches Sprichwort: Lob ist des Mannes Untergang."*
- *„Wenn ich nichts sage, ist alles in Ordnung, das ist doch Anerkennung genug. Wenn jemand einen Fehler macht, melde ich mich schon."*
- *„Eine gute Leistung ist doch selbstverständlich. Dafür wird der Mitarbeiter schließlich bezahlt. Weshalb dann noch eine zusätzliche Lobhudelei?"*

Auf den Punkt gebracht lautet die Devise dieser Vorgesetzten: *„Nicht kritisiert ist Lob genug."* Sie übersehen, dass vorenthaltene Anerkennung einem vorenthaltenen Entgelt in der „seelischen Lohntüte" der Mitarbeiter gleichkommt.

Wären diese Vorgesetzten sich selbst gegenüber ehrlich, würden sie vermutlich die Feststellung bestätigen, dass jeder von uns Erfolge besonderer Art benötigt: nämlich in den Augen anderer Menschen Anerkennung finden.

Anerkennung ist sowohl im Berufsleben als auch im Freizeitbereich eine überaus motivierende Kraft. Deshalb muss sie Mitarbeitern gegenüber deutlich herausgestellt werden. Schwerlich verstehen Mitarbeiter Bemerkungen ihrer Vorgesetzten, wonach das Fehlen von Kritik Anerkennung bedeute.

1.4 Sind Ihnen die Vorzüge konstruktiver Kritik und Anerkennung bewusst?

Idealerweise können Sie den folgenden Statements ruhigen Gewissens zustimmen:

Durch Kritik ...
- ... korrigiere ich Leistungen oder Verhalten meiner Mitarbeiter.
- ... werden Fehler künftig vermieden, womit das Selbstvertrauen meiner Mitarbeiter gesteigert wird.
- ... ermögliche ich den Mitarbeitern eine sachlich begründete Selbstbeurteilung.
- ... trage ich zur Entwicklung/Förderung meiner Mitarbeiter bei.

Durch Anerkennung ...
- ... steigere ich das Selbstwertgefühl meiner Mitarbeiter und
- ... vermittle ich ihnen Erfolgserlebnisse.
- ... wird die Zufriedenheit der Mitarbeiter mit dem eigenen Arbeitsbereich und dem Vorgesetzten erhöht.
- ... ermutige ich meine Mitarbeiter zu weiteren anerkennenswerten Leistungen.
- ... wecke ich in meinen Mitarbeitern schlummernde Kräfte, die weitere Leistungssteigerungen bewirken.
- ... vermindere ich die Fluktuationsbereitschaft .

Als kluger Vorgesetzter werden Sie Kritik und Anerkennung gezielt einsetzen und bei konstruktiver Nutzung dieser Führungsmittel in den meisten Fällen die betrieblichen Ziele bei größerer Zufriedenheit Ihrer Mitarbeiter erreichen.

2. Vermeiden Sie Fehler beim Kritisieren

Sicherlich haben Sie in Ihrem Leben schon mehrfach Kritik in einer unangenehmen Form erfahren, so dass Sie schmerzhafte Eindrücke sammelten. Weshalb können wir Kritik in vielen Fällen als schmerzend bezeichnen?

2.1 Kennen Sie „schmerzende" Kritik?

Amerikanische Wissenschaftler stellten mittels Psycho-Galvanometer fest, dass die körperlichen Reaktionen (Hautfeuchte, Herztätigkeit, Pulsfrequenz) bei tätlichen Angriffen fast identisch sind mit denen bei scharfer Kritik durch Vorgesetzte.

Wir stellen fest, dass unsere Mitarbeiter bei fehlerhafter Kritik zwar immer den Schmerz verspüren, darauf aber unterschiedlich reagieren. Auch der „dickfellige" Zeitgenosse, der „einen Schlag leicht verkraftet" und „immer wieder auf die Füße fällt", der „harte Worte vertragen kann", auch ein derartig von seinem Vorgesetzten klassifizierter Mitarbeiter leidet, lässt es sich aber nicht in gleicher Weise anmerken wie der sensibel reagierende „dünnhäutige" Mitarbeiter.

In der betrieblichen Praxis lassen sich immer wieder Formen schmerzenden/destruktiven Kritisierens beobachten, die für unser heutiges soziales Arbeitsklima einfach unzeitgemäß sind. So mancher Vorgesetzte zeigt bei Kritik Verhaltensweisen, die eines Neandertalers auf Kriegspfad würdig wären. In diesen Fällen sollte uns ein Ausspruch von Martin Luther King zu denken geben:

Die Menschen haben gelernt, zu schwimmen wie die Fische und zu fliegen wie die Vögel, aber wie Brüder zusammenzuleben haben sie nicht gelernt.

2.2 Praktizieren Sie die 10 Kardinalfehler beim Kritisieren?

Kardinalfehler 1: Autoritäre Kritik

Wir sprechen von autoritärer Kritik, wenn der „herumschnauzende“ Vorgesetzte den Mitarbeiter durch die als Mittel der Disziplinierung eingesetzte harte Kritik zum Kuschen bringen will. Es geht dem Vorgesetzten nicht um partnerschaftliches Zusammenwirken, sondern darum, dem Mitarbeiter seinen Willen aufzuzwingen. So schießt er eine Salve von Behauptungen, Wertungen, Unterstellungen und Zurechtweisungen ab. Wie wenig diese Form der Kritik geschätzt wird, dokumentieren viele Umschreibungen, die vom Volksmund geprägt wurden:

„Ihm den Kopf waschen“
„Sie zur Minna machen“
„Ihm eine Zigarre verpassen“
„Ihr die Leviten lesen“
„Sie zur Schnecke machen“
„Ihn gehörig zur Brust nehmen“
„Ihm den Marsch blasen“
„Ihm die Flötentöne beibringen“
„Sie Mores lehren“
„Mit ihm Schlitten fahren“
„Ihn vors Schienenbein treten“
„Ihn durch den Wolf drehen“
„Ihm einen Einlauf verpassen.“

Oft endet autoritäre Kritik sogar mit den Worten:

„Raus!!!“
„Ich will Sie nicht mehr sehen, kommen Sie mir vorläufig nicht wieder unter die Augen!!“

„Machen Sie, dass Sie rauskommen, von Ihnen habe ich die Nase gestrichen voll!!"

Wer in einem solchen Tonfall spricht, in dem er selbst nicht angesprochen werden möchte, degradiert damit den Kritisierten zu einem Menschen dritter Klasse. Nirgendwo sonst bestätigt sich die Erfahrung so deutlich, dass der „Ton die Musik macht".
Dass sein autoritäres Verhalten nicht angemessen war, kommt manchem Vorgesetzten erst dann zu Bewusstsein, wenn er „Dampf abgelassen hat" und das innere Gleichgewicht wieder stabilisiert ist. Eine dann folgende Rücknahme der Kritik mit Formulierungen wie

„Mit mir sind die Pferde durchgegangen, nehmen Sie das bitte nicht so tragisch"
„Ich konnte mich einfach nicht mehr beherrschen"
„Wer kann sich denn so etwas bieten lassen, ohne aus der Haut zu fahren? Es tut mir leid..."

verbessert gewiss nicht das Ansehen, welches der Vorgesetzte bei seinen gemaßregelten Mitarbeitern genießt. Es lohnt also nicht, erst „auf den Putz zu hauen" und „den starken Mann zu markieren", um anschließend „kleine Brötchen zu backen".

Kardinalfehler 2: Persönliche Kritik
Kritik sollte stets gegen eine bestimmte Handlung und nicht gegen die Person des Mitarbeiters gerichtet sein. Persönliche Angriffe, Anspielungen auf Charaktereigenschaften oder Lebensumstände des Mitarbeiters haben zu unterbleiben. Solange nur die Leistung oder das Verhalten kritisiert wird, unterstellt der Vorgesetzte seinem

Mitarbeiter stillschweigend, er traue ihm auch bessere Ergebnisse zu. Und da jedem Menschen hin und wieder etwas misslingen kann, ist er wegen der gerade geübten Kritik kein schlechter Mitarbeiter. Wird aber die Person des Mitarbeiters kritisiert, so disqualifizieren wir ihn und grenzen ihn aus dem Kreis der guten Mitarbeiter aus.
Wer Fehlleistungen kritisiert, hilft, das Verhalten zu verbessern. Wer Personen kritisiert, erzeugt Widerspruch, Mutlosigkeit, Angst, Ärger, vielleicht sogar Hass.
In folgender Übung analysieren Sie bitte, welche Aussagen die Person (P) und welche die die Leistung (L) berühren:

1.	Von Ihnen habe ich nichts anderes erwartet	P	L
2.	Sie verstehen überhaupt nichts, so geht das wirklich nicht!	P	L
3.	Der Fehler ist aufgetreten, weil Sie den eiligen Brief nicht gesondert geschrieben haben.	P	L
4.	Wenn Sie sich endlich mal bemühen würden, könnte aus Ihnen noch einmal ein halbwegs brauchbarer Mitarbeiter werden.	P	L
5.	Sie haben in der Verhandlung zu früh unsere Konditionen dargelegt.	P	L
6.	Sie Trottel, können Sie sich nicht wie ein normaler Mensch verhalten?!	P	L
7.	Die Feilarbeit weist noch zu große Toleranzen auf. Sie müssen das so .... machen.	P	L
8.	Langsam gebe ich es auf. Sie können oder wollen es offenbar nicht besser.	P	L
9.	Sie sind ungeschickt.	P	L
10.	Sie hätten den Ölstand besser bei betriebswarmem Motor prüfen sollen.	P	L
11.	Dieser Fehler muss eindeutig Ihrem Leichtsinn zugeschrieben werden.	P	L
12.	Sie haben in diesem Fall zwei Gesichtspunkte übersehen.	P	L

Vergleichen Sie bitte mit dem Lösungsvorschlag auf Seite 77.

Kardinalfehler 3: Kritik in Gegenwart Dritter
Mancher Vorgesetzte glaubt an die Wirkung der Abschreckung und übt deshalb absichtlich Kritik in Gegenwart anderer Personen, gelegentlich sogar vor „versammelter Mannschaft".
Dabei wird der bei uns vorhandene Widerstand gegen Kritik noch verstärkt, wenn wir vor Dritten herabgesetzt werden, wenn wir Gefahr laufen, unser „Gesicht zu verlieren". Zu den wichtigsten Grundbedürfnissen menschlicher Natur gehört das Streben nach Anerkennung durch die Umwelt. Diesem Grundbedürfnis wirkt der Vorgesetzte mit dieser Art des Kritisierens geradezu entgegen. Der Mitarbeiter fühlt sich bloßgestellt und wird umso weniger bereit sein, den berechtigten Kern der Kritik zu akzeptieren. Glaubt der in der Öffentlichkeit kritisierte Mitarbeiter, gegen die Aussagen des Vorgesetzten Stellung beziehen zu müssen, um nicht vor den Anwesenden sein Gesicht zu verlieren, ist ein Zweikampf zwischen dem Vorgesetzten und dem Mitarbeiter auf offener Bühne vorstellbar.
H. Moore veröffentlichte in seinem Buch „Psychology for Business and Industry" die Wirkung unsachgemäßer Kritik auf das Leistungsverhalten des Kritisierten. Diese Zahlen, auch wenn sie mittlerweile etwas „verstaubt" sind, sprechen eine deutliche Sprache:

Es gilt der Grundsatz: Üben Sie Kritik grundsätzlich nur unter vier Augen!

	Leistung der Mitarbeiter		
	verschlechtert sich zu	bleibt gleich bei	verbessert sich zu
Scharfe oder ironische Kritik vor Dritten	69 %	24 %	7 %
Ruhige und sachliche Kritik vor Dritten	46 %	14 %	40 %
Ruhige und sachliche Kritik unter vier Augen	7 %	10 %	83 %

Selbst eine in konstruktiver Form geäußerte Kritik ärgert uns. Wir hadern mit uns selbst, dass uns ein Fehler unterlaufen ist. Sind bei Kritik auch noch Dritte anwesend, verstärkt dies unseren Widerstand, weil wir uns in der Öffentlichkeit an den Pranger gestellt fühlen.

Kardinalfehler 4: Ironische/sarkastische Kritik

„Interessant, sehr interessant, Frau Krause. Für eine Sekretärin wirklich schon eine Meisterleistung, dieser Brief. Und was für neue Ideen Sie bei der Interpunktion haben... Demnächst könnten wir ja einmal einen Ihrer Briefe verschicken. Vielleicht am 1. April? Wäre das nicht was?“

An diesem Beispiel erkennen Sie, wie sehr ironische/sarkastische Kritik schmerzt und seelische Wunden schlägt. Ironie und Sarkasmus bilden scharfe Waffen, um das Selbstwertgefühl des Kritisierten besonders verletzend zu berühren.
Es gilt der Grundsatz: Ironische/sarkastische Kritik entzieht einer vertrauensvollen Zusammenarbeit den Boden, vorhandene positive zwischenmenschliche Beziehungen werden nachhaltig vergiftet.

Kardinalfehler 5: Kritik auf Distanz
Wer kennt nicht die telefonische Kritik? Bei dieser Art der Kritik ist nicht auszuschließen, dass es zu einem Krach kommt. Gegendarstellungen des Mitarbeiters können durch Monologe des Vorgesetzten oder noch schlimmer durch Auflegen des Hörers unterbrochen werden. Der Vorgesetzte, der sich mit seiner Kritik ans Telefon hängt, weiß auch nicht, in welcher Situation sich der Mitarbeiter beim Klingeln des Telefons gerade befindet. Steht er vielleicht gerade unter großem Zeitdruck, hat er eine schwierige und eilige Aufgabe zu lösen? Oder verhandelt er gerade mit wichtigen Kunden?
Wie würden Sie in solchen Situationen auf telefonische „Liebesgrüße" Ihres Chefs reagieren?
Wer als Kritisierender allein auf die „Akustik" ausweicht, ist schlecht beraten, denn ohne entsprechende „Optik" ist in problembehafteten Situationen ein besonnener Informationsaustausch kaum denkbar. Der Vorgesetzte kann nicht erkennen, wie seine Kritik ankommt, wie sie unmittelbar aufgenommen wird, ob er nicht gar ins Leere spricht.
Eine schriftliche Kritik, womöglich noch mit dem abschließenden Hinweis: „Hiermit betrachte ich die Sache als einmaliges Versagen und bitte deshalb, von einer Stellungnahme abzusehen", veranlasst den Mitarbeiter kaum, sich diesen Rüffel zu eigen zu machen.

Bei der schriftlichen Kritik
- braucht der Vorgesetzte seinem Mitarbeiter nicht in die Augen zu sehen, sondern hält ihn auf Distanz,
- ist der Vorgesetzte nicht gezwungen, sich Entschuldigungsgründe anzuhören,

- muss sich der Vorgesetzte nicht auf ein Gespräch einlassen, in welchem sich vielleicht herausstellen könnte, dass der Mitarbeiter an der ganzen Angelegenheit überhaupt nicht beteiligt war.

Fragen Sie sich: Ob diese „Vorteile“ eine schriftliche Kritik rechtfertigen?
Eine Mail, mit der eine Rüge übermittelt wird, lässt keinerlei Sensibilität des Absenders vermuten, sondern eher Feigheit vor einem Gespräch mit dem Mitarbeiter. Wenn die elektronische Post auch noch per „cc“ flächendeckend verschickt wird, können wir die tiefe Betroffenheit des Kritisierten nachvollziehen. Dass eine Benachrichtigung unter „bc“ Dritter zu unterbleiben hat, versteht sich von selbst. Erfährt irgendwann hiervon der Kritisierte, schwindet jegliches Vertrauen zum Vorgesetzten.
Schon bei mündlichen Aussagen treten immer wieder Missverständnisse auf. Dann gilt dies erst recht bei Schriftlichem, wo häufig „zwischen den Zeilen“ gelesen wird. Jede faire Kritik muss dem Mitarbeiter die Möglichkeit der Stellungnahme und Rechtfertigung eröffnen. Auf dem Schriftweg ist dies nur unzureichend möglich. Ziehen Sie daher stets das persönliche Gespräch vor.

Kardinalfehler 6: Stillschweigende Kritik
Hin und wieder fällt es Vorgesetzten schwer, sich mündlich treffend zu äußern. Dieses Defizit macht sich in der nicht besonders angenehmen Situation eines Kritikgesprächs besonders bemerkbar. Gelegentlich wählen Vorgesetzte daher den Weg der in-

direkten Kritik. Dem Mitarbeiter gegenüber äußern sie ihre Missbilligung durch schweigende Missachtung. Sie lassen ihn für einige Zeit „links liegen" nach dem Motto: „Der Meier hat mich sehr enttäuscht, so dass ich ihn vorläufig nicht mehr sehen will. Bis dieser Ärger verraucht ist, behandle ich ihn wie Luft."

Bei stillschweigender Kritik übersehen Vorgesetzte jedoch,

- dass sie durch ihr Verhalten ein ständiges Gefühl von Unsicherheit bei betroffenen Mitarbeitern hervorrufen,
- dass sie zu keiner Veränderung eines Fehlverhaltens ihrer Mitarbeiter beitragen, weil ein falsches oder unerwünschtes Verhalten nicht offen angesprochen wird, sondern im Dunkeln bleibt.

Bereits Shakespeare erkannte dies in „Viel Lärm um nichts":

Glücklich sind, die erfahren, was man an ihnen aussetzt, und die sich danach bessern können.

Wenn sich der Vorgesetzte in seinen Schmollwinkel zurückzieht, zermartert sich der Mitarbeiter sein Gedächtnis, womit er wohl die Nichtachtung bewirkt habe. Wird er später dann wieder in Gnaden aufgenommen, besteht die Gefahr der Wiederholung des Fehlers. Der Mitarbeiter hat ja schließlich keine konkreten Hinweise vom Vorgesetzten erhalten, sodass er unbeabsichtigt den Fehler wiederholt.

Kardinalfehler 7: Kritik mittels Boten

Wenig opportun ist auch die Kritik durch Dritte. Glauben Sie nicht, dass Ihre Kritik eins zu eins übermittelt wird. Denn mündliche Informationen werden nie genau so weitergeleitet, wie sie empfangen wurden. Jede menschliche Zwischenstation wirkt als Filter. Informationen werden je nach Aufnahmefähigkeit und Interessenlage des Übermittlers verfälscht: Dieses oder jenes wird abgeschwächt oder auch fortgelassen, anderes stärker in den Vordergrund gerückt.

Selbst wenn die Kritik nahezu unverfälscht ankäme, würde sie dennoch nicht ihren Zweck erfüllen. Wie soll ein Vertrauensverhältnis zwischen dem Vorgesetzten und seinem Mitarbeiter erhalten bleiben, wenn der Vorgesetzte sich für die Kritik eines „Boten" bedient? Zudem ist unsicher, ob sich der Bote auch an das „Post- und Briefgeheimnis" hält. Weiterhin ist zu bezweifeln, dass die Stellungnahme des Mitarbeiters zu der ihn betreffenden Kritik über die Zwischenstation ohne Verfälschungen den Vorgesetzten erreicht.

Bedient sich der Vorgesetzte für seine Kritik eines Boten, verliert er in den Augen seines Mitarbeiters wegen des fehlenden Muts zu einer direkten Kontaktaufnahme oder der Missachtung seiner Person an persönlicher Autorität.

Kardinalfehler 8: Kritik vor oder während der Abwesenheit des Mitarbeiters

Manche Vorgesetzte geben ihren Mitarbeitern kritische Worte mit, wenn sie diese für einige Zeit nicht zu Gesicht bekommen (vor Urlaub und längeren Geschäftsreisen). Begründet wird diese Vorgehensweise

damit, dass der Mitarbeiter nun viel Zeit habe, in sich zu gehen. Auch gerate eine nötige Kritik auf diese Weise nicht in Vergessenheit.
Der Kritisierende verkennt hierbei, dass die spätere Zusammenarbeit durch zwischenzeitlich aufgebaute Ressentiments und Hassgefühle erschwert wird. Vielleicht tritt ein wichtiger Mitarbeiter nach Urlaubsende seine Arbeit mit der Kündigung in der Hand wieder an?
Durch die im letzten Moment vor der Abwesenheit ausgesprochene Kritik fühlt sich der Mitarbeiter beschwert und in seiner Lebensqualität eingeschränkt. Eine hierdurch erzeugte negative Gefühlslage kann sich auswachsen und ein restriktives Verhalten des Mitarbeiters nach seiner Rückkehr bewirken.
Hin und wieder lassen sich Vorgesetzte dazu hinreißen, einen abwesenden Mitarbeiter in Gegenwart Dritter zu kritisieren. Dazu gehören Aussagen wie

- *„Da braucht der Mann nur eine Woche in Urlaub zu gehen und schon treten alle Fehler zutage.“*
- *„Die lernt es nie.“*
- *„Was hat der Mann sich bloß dabei gedacht, solchen Unsinn zu fabrizieren?“*

Bei dieser Art von Kritik kann sich der Betroffene nicht zur Wehr setzen. Es kommt sogar vor, dass diese kritischen Aussagen unangemessen scharf sind, denn der Vorgesetzte sieht sich nicht verpflichtet, die Aussage zu kultivieren. Doch der Kritisierte wird nach seiner Rückkehr in aller Regel von den Kollegen über das Gesagte informiert. Auch hier muss mit einer verfälschten Berichterstattung gerechnet werden: Wohlwollende Kollegen werden mitfühlend berichten,

während andere schadenfroh die besonders schmerzenden Aussagen hervorheben.
Zwar redet sich mit der Kritik am abwesenden Mitarbeiter der Vorgesetzte seinen momentanen Ärger von der Seele, aber die negative Außenwirkung und die damit verbundene Verschlechterung des Vertrauens sind damit unvermeidlich.

Kardinalfehler 9: Gesammelte Kritik
Ganz nach der Devise „Wenn ich schon kritisieren muss, dann soll es sich auch lohnen“ führt der Vorgesetzte für jeden Mitarbeiter (schriftlich oder im Gedächtnis) ein Sündenregister. Beim Mitarbeiter- oder Jahresgespräch werden dann alle Verfehlungen fein säuberlich vorgetragen.
Wird die Kritik aufgeschoben, empfindet sie der Mitarbeiter zu einem späteren Zeitpunkt häufig als überflüssig oder unangebracht. Entweder ist er sich dann keiner Schuld mehr bewusst oder er vermag die genauen Umstände für sein Verhalten nicht mehr zu rekonstruieren. Vielleicht hat er auch sein Verhalten inzwischen aufgrund der Ratschläge von Kollegen geändert oder er hat sein Fehlverhalten erkannt und längst schon revidiert.
Wenn ein Fehler für Sie besonders ärgerlich ist, halten Sie ein: Bevor Sie „blind vor Wut“ reagieren, kühlen Sie sich erst einmal ab. Schlafen Sie eine Nacht drüber. Meistens sehen die Dinge am nächsten Morgen schon sehr viel harmloser aus.
Mein Tipp: Warten Sie mit Ihrer Kritik nicht bis zu dem Tag, an dem „es sich lohnt“. Gesammelte Kritik wirkt auf jeden von uns niederschmetternd, ja gerade-

zu vernichtend. Kritisieren Sie besser, sobald die Arbeit fertig ist, nicht vorher und auch nicht zu lange danach. Der Mitarbeiter lernt aus seinen Fehlern am meisten, wenn der Zusammenhang zwischen der geleisteten Arbeit und der kritischen Würdigung noch frisch in seinem Gedächtnis ist.

Kardinalfehler 10: Wiederholte Kritik

Besonders nervend ist es für den Mitarbeiter, an eine schon länger zurückliegende Verfehlung erinnert zu werden:

„Sie sollten Zurückhaltung üben. Wissen Sie noch, welchen schwerwiegenden Fehler Sie damals bei der Lieferung an Firma X zu verantworten hatten?!“

Auch wenn uns die meisterhafte Gedächtnisleistung des Vorgesetzten Respekt abnötigt, lassen wir uns nur widerwillig alte und längst gebüßte Sünden bei jeder Gelegenheit vorhalten. Bleiben Sie ruhig und ertragen Sie klaglos den Schmerz, wenn in Ihren alten, fast verheilten Wunden ohne jegliches Feingefühl herumgestochert wird? Gewiss nicht!

Ist ein Thema Gegenstand eines Kritikgesprächs geworden, so muss der Vorgesetzte einen Schlussstrich ziehen! Ausnahme: Ist in den Leistungen oder dem Verhalten des Mitarbeiters trotz einer geäußerten Kritik nicht die erhoffte Änderung eingetreten, so muss der Vorgesetzte tätig werden. Wenn die früher ausgesprochene Kritik aufbauend und konstruktiv vorgebracht wurde, sollten Sie überlegen, ob der Mitarbeiter einmal bewusst „abgekanzelt“ werden sollte. Es gibt Menschen, die den Ernst der Situation erst nach einer „Abreibung“ erkennen und sich dann die Kritik zu Herzen nehmen.

Wir haben die 10 Kardinalfehler beim Kritisieren erörtert:

- *Autoritäre Kritik*
- *Persönliche Kritik*
- *Kritik in Gegenwart Dritter*
- *Ironische/sarkastische Kritik*
- *Kritik auf Distanz*
- *Stillschweigende Kritik*
- *Kritik mittels Boten*
- *Kritik vor oder während der Abwesenheit des Mitarbeiters*
- *Gesammelte Kritik*
- *Wiederholte Kritik*

Kultivieren Sie diese Fehler, werden Ihnen über kurz oder lang Ihre Mitarbeiter die Gefolgschaft und Ihr eigener Vorgesetzter Ihnen seine Anerkennung versagen.

2.3 Mit welchen negativen Auswirkungen müssen Sie rechnen?

Fehlerhafte Kritik kann verheerende Folgen für den Mitarbeiter und somit für Sie und den Betrieb haben. Negative Auswirkungen sind von A bis Z denkbar auf:

Arbeitstempo
Begeisterung
Belastbarkeit
Disziplin
Dynamik
Ehrgeiz
Einsatzbereitschaft
Energie
Engagement
Erfolg
Fleiß
Flexibilität
Geduld
Hilfsbereitschaft
Initiative
Interesse
Kollegialität
Konzentration
Loyalität
Motivation
Objektivität
Pflichtbewusstsein
Rücksichtnahme
Selbstständigkeit
Sorgfalt
Tatkraft
Toleranz
Verantwortungsbewusstsein
Vertrauen
Zielstrebigkeit
Zusammenarbeit
Zuverlässigkeit

3. Stellen Sie mit Ihrer Gesprächstechnik Weichen

Sie-Formulierungen stellen subjektive Erkenntnisse häufig als objektive Realität dar:
„Sie arbeiten sehr ungenau."
„Sie sind uneinsichtig."

3.1 Verwenden Sie Ich-Botschaften?

Diese oben genannten Formulierungen werden als Vorwurf und Maßregelung empfunden, verursachen Schuldgefühle, drängen den Beschuldigten in eine Verteidigungsposition, provozieren Vergeltungsmaßnahmen und bauen Kommunikationshindernisse auf.

Ich-Botschaften hingegen wirken weniger bedrohlich, beleidigend oder verletzend und erzeugen seltener Abwehrreaktionen. Weil sie ausdrücklich als subjektive Äußerung gekennzeichnet sind, können sich die Gesprächsteilnehmer eher darüber verständigen.

Bitte formulieren Sie nachstehende Sie-Botschaften zu Ich-Botschaften um:

1. „Sie reden viel zu schnell."

___

2. „Sie drücken sich unklar aus."

___

3. „Sie verwechseln ja die Zeiträume!"

___

4. „Sie widersprechen sich."

___

5. „Sie sind unkonzentriert."

___

6. „Sie reden um den heißen Brei herum."

---

7. „Sie haben mich falsch verstanden."

---

8. „Sie können mir das nicht weismachen."

---

9. „Sie sind extrem destruktiv."

---

10. „Sie sagen doch eh nichts."

---

11. „Sie sollten bei der Arbeit ruhiger sein und aufhören, so viel zu schwätzen."

(Die Lösungen finden Sie auf Seite 77.)

3.2 Pflegen Sie Blickkontakt?

Wie unangenehm ihnen ein Kritikgespräch ist, lassen manche Vorgesetzte – meist sogar unbewusst – am fehlenden Blickkontakt erkennen. Indes wird die Wichtigkeit des Blickkontakts durch einige Formulierungen unseres Sprachgebrauchs deutlich herausgestellt: So wird das Auge als „Spiegel der Seele" bezeichnet. Ein besonderes Zeichen der Wertschätzung ist es, einer anderen Person „tief in die Augen zu schauen", jemandem „schöne Augen zu machen". Demgegenüber signalisieren wir Ablehnung, wenn wir einen Menschen „keines Blickes würdigen". Mancher wird bei einem Gesprächspartner vorsichtig sein, der „einem nicht in die Augen sehen kann". „Durchbohrende" oder „strafende" Blicke bereiten uns ebenfalls kein Vergnügen.

Zusammenfassend lässt sich feststellen: „Blicke sprechen Bände!“
Fehlender Blickkontakt zeugt zumeist von Unsicherheit und verhindert ein vertrauensvolles Gesprächsklima. Vorgesetzte, die ihren Mitarbeitern nicht in die Augen sehen, schaffen Distanz. Sie ziehen sich hinter ihre Amtsautorität zurück und lassen einen zwischenmenschlichen Kontakt gar nicht erst aufkommen.
Sie sollten als Vorgesetzter einen zu langen Blickkontakt vermeiden, sondern zwischendurch Ihren Blick einige kurze Momente auf Wanderschaft schicken, ihn dann aber immer wieder auf Ihren Mitarbeiter richten. Damit vermeiden Sie ein bedrohlich wirkendes beharrliches Anstarren (das unter Primaten eine Drohgebärde darstellt).

Schauen Sie Ihren Mitarbeiter an, wenn er spricht. Nehmen Sie ihn bewusst wahr und vermeiden Sie jede Unruhe im Blickkontakt. Sehen Sie niemals zu Boden (was häufig Unsicherheit/Unterlegenheit erkennen lässt), es sei denn, Sie denken einen Moment nach.

3.3 Zeigen Sie einen freundlichen Gesichtsausdruck?

Die Forderung nach einem freundlichen Gesichtsausdruck hat nichts mit einem geschäftsmäßigen Keepsmiling zu tun. Vielmehr sollte Ihr Gesicht Einfühlungsvermögen und Verständnis signalisieren. Sie haben keinerlei Grund, ein Kritikgespräch mit verbiestertem Gesichtsausdruck zu führen. Das Ziel des Gesprächs ist doch nicht, zornig zu strafen, sondern für eine Verbesserung der Situation zu sorgen. Sicherlich möchten auch Sie es nicht gern mit einem finster dreinblickenden Griesgram zu tun haben. Missmutig, ärgerlich oder böse auftretende Menschen besitzen wenig Anziehungskraft auf ihre Mitmenschen! Und setzen Sie ein unbewegliches, ausdrucksloses und unergründliches Gesicht auf, so zeigen Sie ein Pokergesicht, das besser in einen Spielsalon gehört.

Ein freundlicher und entspannter Gesichtsausdruck wird als wortloses und positives emotionales Angebot und als Zeichen der Wertschätzung gewertet. So strahlen Sie Vertrauen aus und sorgen für ein angenehmes Gesprächsklima. Ihr Mitarbeiter erkennt sogleich, dass ihm keine peinlichen Minuten bevorstehen, sodass sich eine eventuell vorhandene Anspannung vermindert. Der Ausspruch von Victor Borge findet hier Anwendung: „Das Lachen ist die kürzeste Entfernung zwischen zwei Menschen."

3.4 Sprechen Sie Ihren Mitarbeiter mit seinem Namen an?

Kein Wort unseres Sprachschatzes hat eine so enge Beziehung zu seinem Besitzer wie der Eigenname. Den Gesprächspartner mit dessen Namen anzusprechen, gebietet schon allein die Höflichkeit. Und dass die Anrede „Herr/Frau X" nicht unterbleibt, muss selbstverständlich sein. Wer mit „Herr" oder „Frau" angesprochen wird, wird sich viel eher als ein solcher oder eine solche verhalten.

3.5 Hören Sie aktiv zu?

Jedes wirkliche Gespräch ist ein Dialog. Spricht der Gesprächspartner, hören wir ihm zu. Denken Sie einen Augenblick daran, dass wir mit zwei Ohren, aber nur einem Mund ausgestattet sind – möglicherweise ein Hinweis, dass wir doppelt so viel zuhören wie selbst reden sollten? Schon Wilhelm Busch erkannte:

Klug zu reden ist oft schwer,
klug zu schweigen noch viel mehr.

Passives Zuhören allein genügt nicht. Unser Zuhören muss der Sprechende auch erkennen können, es muss also aktiv sein. Der Sender von Informationen will wirklich wissen, ob seine Aussagen ankommen, ob er verstanden wird, ob ihm geglaubt wird usw., weil er darauf seine folgenden Aussagen aufbaut. Schweigend zuzuhören genügt Ihrem Gesprächspartner nicht. Deshalb wandeln wir das Sprichwort „Reden ist Silber, Schweigen ist Gold" um in

Reden ist Silber, Zuhören ist Gold!

Sechs Ratschläge sollten Sie für Ihr aktives Zuhören beherzigen:

1. Geben Sie anteilnehmende Bemerkungen von sich

Mit „nichtssagenden Gesprächsfloskeln" oder „neutralen Aufmerksamkeitsreaktionen" bekunden Sie Ihre Anteilnahme an den Ausführungen Ihres Mitarbeiters, so zum Beispiel:

„Aha!"
„So?"
„Wirklich?"
„Erstaunlich!"
„Kaum zu glauben ..."
„Interessant!"

2. Unterbrechen Sie nicht

Nur vorlaute Menschen unterbrechen den Gesprächspartner, um die eigenen Aussagen schnell loszuwerden. Lassen wir unseren Gesprächspartner ausreden, wird uns dieser anschließend auch bereitwillig zuhören. Unterbrechen wir ihn aber, bleibt immer etwas Unzufriedenheit in ihm zurück. Diese Unzufriedenheit ist ein Störfaktor für das weitere Gespräch. Dem Gesprächspartner fehlt die innere Ruhe. Er verwendet stets einen halben Gedanken darauf, den unausgesprochenen Rest seiner Aussagen nicht zu vergessen. Folglich hört er nicht richtig zu, das Gespräch verliert an Substanz.
Vom Mitarbeiter selbst eingestreute kurze Pausen, die er für seine Formulierungen benötigt, sollten Sie nicht ausnutzen, um ihm das Wort abzuschneiden!

3. Notieren Sie wichtige Aussagen sofort

Enthalten die Aussagen Ihres Gesprächspartners wichtige Informationen, greifen Sie demonstrativ zu Papier und Bleistift. Mit Aussagen wie:

„Das ist ein interessanter Hinweis, wie ist das im Einzelnen gewesen?"
„Lassen Sie uns die einzelnen Schritte festhalten, damit nichts durcheinandergerät."

werten Sie Ihren Gesprächspartner auf. Durch das schriftliche Festhalten seiner Mitteilung unterstreichen Sie deren Wichtigkeit und signalisieren damit auch Ihre Wertschätzung für den Mitarbeiter. Gleichzeitig ist hiermit der unausgesprochene aber deutliche Hinweis auf Sachlichkeit und Zurückhaltung verbunden.
Beschränken Sie Ihre Notizen auf wirklich Wichtiges, ansonsten macht sich beim Mitarbeiter das unangenehme Gefühl breit, Sie würden ein Vernehmungsprotokoll schreiben.

4. Zeigen Sie Ihr Interesse über Ihre Gestik und Mimik

Jeder Mensch hat eine natürliche Neigung dazu, die Dinge, über die er gerade spricht, mit den Händen darzustellen. Darüber hinaus werden mündliche Informationen mit der passenden Mimik verstärkt.
Als unpassende Gestik in Kritikgesprächen ordnen wir den drohenden Finger in Richtung des Mitarbeiters ein oder die geballte Faust, mit welcher Zorn, Wut oder Ärger dokumentiert werden. In die Hüfte gestützte Arme weisen eine Dominanz- und Drohgebärde aus. Werden die Arme vor der Brust gekreuzt, fühlt sich der Gesprächspartner möglicherweise bedroht und zieht sich zurück. Mit der symbolischen Selbstumarmung wird der Wunsch nach Schutz und Wärme dargestellt. Diese gefesselte Körperhaltung unterbindet jegliche Gestik.
Demgegenüber signalisieren wir mit einer offenen Körperhaltung (= zur Gestik bereite geöffnete Arme) unsere Gesprächs- und Kooperationsbereitschaft.
Auf dem akustischen Kanal haben wir bis auf die anteilnehmenden Bemerkungen Sendepause, nicht aber im optischen Sendebereich.

Über unsere Mimik können wir Gefühlsregungen wie Freude, Zorn, Interesse, Hoffnung, Enttäuschung, Gleichgültigkeit, Angst, Neugier usw. zeigen. Diese beachtliche Palette mimischer Darstellungen unserer Gefühle gehört zu unserem anatomischen Inventar – also zeigen Sie Gefühle! Versteinerte Gesichtszüge oder Amtsmienen, in denen sich kein Fältchen bewegt, sind in einem Kritikgespräch fehl am Platze. Für Ihren Gesprächspartner ist es nervend und ermüdend, stets in ein ausdrucksloses Gesicht mit undurchdringlicher Miene zu schauen.

5. Fragen Sie bei Unklarheiten nach

Im Gespräch grübeln wir manchmal, was der Mitarbeiter wohl mit seinen Aussagen meint, wovon er überhaupt redet. Es ist kein Zeichen mangelnder Intelligenz, wenn wir die eine oder andere Aussage nicht verstehen oder den Eindruck erhalten, vom Gegenüber nicht verstanden zu werden. Da es keine Menschen gibt, die einander in ihren Persönlichkeitsstrukturen und in ihrer bisherigen Lebensgeschichte völlig gleichen, müssen wir akzeptieren, dass der einzelne unter ein und demselben Sachverhalt sehr wohl etwas anderes verstehen kann als man selbst. Wissenschaftlich ist gesichert, dass das hundertprozentige Verstehen von Mensch zu Mensch unmöglich ist.
Mein Tipp: Um den Mitarbeiter besser zu verstehen und zu einem Dialog zu gelangen, sollten wir im Zweifelsfall gleich nachfragen.

6. Wiederholen Sie wichtige Aussagen

Indem Sie wichtige Aussagen des Mitarbeiters wiederholen, zeigen Sie ihm, dass Sie seinen Aussagen interessiert folgen. Auch erkennen beide Gesprächsteilnehmer so, dass sie sich noch „auf gleicher Wellenlänge“ befinden und einander verstehen. Ihre eingestreuten Wiederholungen könnten wie folgt beginnen:

„*Mit anderen Worten ...*“
„*Es verstärkt sich bei Ihnen der Eindruck ...*“
„*Sie finden, dass ...*“
„*Nach Ihrer Einschätzung ...*“
„*Habe ich Sie richtig verstanden, wenn ...*“

Bei manchen Menschen fällt uns das Zuhören sehr schwer. Dennoch bemühen wir uns, gute aktive Zuhörer zu sein. Hierdurch geben wir unseren Gesprächspartnern zu erkennen: „Sie sind wichtig!“ – Würden wir unsere Mitarbeiter als unwichtig betrachten, wären konstruktive Kritikgespräche unnötig und wir könnten im „Kasernenhofton“ unsere Monologe darstellen.

4. Führen Sie logisch aufgebaute Kritikgespräche

Haben Sie schon von Vorgesetzten gehört, die ein fehlerhaftes Kritikgespräch mit der Bemerkung „*Ich bin ja auch nur ein Mensch*" zu entschuldigen versuchten?

4.1 Nach welchen Kriterien prüfen Sie, ob die Voraussetzungen für ein konstruktives Gespräch erfüllt sind?

Ein „Menscheln" an dieser Stelle sollte wegen der negativen Auswirkungen unterbleiben. Indem Sie vor jedem beabsichtigten Kritikgespräch gewissenhaft prüfen, ob Sie sich gut vorbereitet haben, erfüllen Sie eine wesentliche Voraussetzung für ein sachliches und konstruktives Gespräch. Die folgende Checkliste, deren Fragen Sie sich vor jedem Kritikgespräch stellen sollten, hilft Ihnen bei der Vorbereitung:

	ja	nein
1. Muss in diesem Fall Kritik geübt werden?		
2. Bin ich für diese Kritik zuständig?		
3. Bin ich bereit, die häufigsten Fehler im Kritikgespräch zu vermeiden?		
4. Kann ich den Gesprächstermin bestimmen?		
5. Kann ich den Gesprächsort bestimmen?		
6. War die Zielvereinbarung realistisch?		
7. Treten schwerwiegende Folgen auf, wenn ich das Kritikgespräch nicht führe?		

Zu 1.:
Überlegen Sie, ob Sie von dem traditionellen Rollenverständnis abgerückt sind, wonach jegliches Fehlverhalten vom Vorgesetzten gerügt und auch bestraft werden muss. Sicherlich lässt sich immer ein Anlass zur Kritik finden, denn nur wer den ganzen Tag die Hände in den Schoß legt, kann nichts verkehrt machen. Aber muss schon bei der geringsten Kleinigkeit Kritik einsetzen? Müssen Sie stets eine Null-Fehler-Toleranz an den Tag legen?
Hält ein Vorgesetzter seinen Mitarbeitern oft den kritischen Spiegel vor, wird er nach einiger Zeit nicht mehr ernst genommen. Beim Mitarbeiter wird der Verdacht aufkommen, es gehe seinem pingeligen Vorgesetzten nicht um das Ausmerzen Schaden stiftender Fehler und nicht gewünschter Verhaltensweisen, sondern um den Beweis, wie unzulänglich er bis in das kleinste Detail ist. Außerdem reduziert Misskredit die Leistungsbereitschaft. Zusätzlich entwickelt der Mitarbeiter eine Abneigung gegen seine Arbeit, besonders aber gegen seinen Vorgesetzten.
Hat sich der Mitarbeiter bei häufiger Kritik ein „dickes Fell“ zugelegt, wird auch die Kritik in wirklich wesentlichen Dingen nicht mehr erkannt und beachtet.

Zu 2.:
Grundsätzlich üben Sie immer nur gegenüber unmittelbar unterstellten Mitarbeitern Kritik.
Ausnahme: In akuten Gefahrensituationen übt derjenige sogleich Kritik, der die Gefahr erkennt. (Beispiel: Ein Auszubildender mit langer Haarpracht beugt sich interessiert über eine laufende Drehbank. Hier muss

jeder Vorbeikommende sofort einschreiten, damit der Auszubildende keinen Schaden nimmt. Würde erst der Ausbilder als direkter Vorgesetzter eingeschaltet, bestünde die große Gefahr, dass sich zwischenzeitlich die Haare des Auszubildenden in der Maschine verfangen hätten.)

Zu 3.: Die auf den Seiten 16 bis 27 dargestellten 10 Kardinalfehler haben bei Ihnen keine Chance. Sie laufen nicht Gefahr, Ihren negativen Stimmungen nachzugeben und durch Ihr missmutiges und launisches Verhalten bei Ihrem Mitarbeiter eigene Frustrationen abzuladen. Beherzigen Sie die Empfehlung des englisches Staatsmannes und Philosophen Francis Bacon: **„Wer den Ärger eines Augenblicks unterdrücken kann, erspart sich vielleicht einen Tag des Bedauerns.“**

Zu 4.:
Der Einwand, Vorgesetzte stünden unter ständigem Zeitdruck und könnten nicht auch noch Zeit für längere Kritikgespräche erübrigen, ist nicht akzeptabel. Denn die für das Gespräch investierte Zeit zahlt sich aus, weil letztlich Zeit, Ärger und Verdruss eingespart werden.
Achten Sie jedoch darauf, nicht unter Zeitdruck zu stehen. Beginnen Sie ein Kritikgespräch nicht kurz vor der Mittagspause oder wenige Minuten vor Feierabend. Mit besonderer Aufgeschlossenheit können Sie hier ebenso wenig rechnen wie dann, wenn Sie den Mitarbeiter aus einer wichtigen oder eiligen Aufgabe reißen. In den genannten Fällen sollten Sie das Gespräch auf einen günstigeren Termin verschieben.

Zu 5.:
Ein improvisiertes Kritikgespräch zwischen Tür und Angel, das möglicherweise auch noch von Dritten verfolgt werden kann, ist abzulehnen. Die äußeren Bedingungen müssen ein ruhiges und ungestörtes Gespräch zulassen.
Vermeiden Sie eine Sitzordnung, die ein Über- und Unterordnungsverhältnis signalisieren würde. Bestehende Machtverhältnisse sind erkennbar, wenn der Vorgesetzte mit dem Licht im Rücken hinter seinem Schreibtisch thront, während ihm gegenüber der Mitarbeiter im grellen Sonnenlicht auf einem unbequemen und wackeligen Stuhl um das Gleichgewicht ringt. Besser ist ein runder Tisch (an ihm gibt es weder „oben“ noch „unten“), unter dem beide Gesprächspartner ihre Beine ausstrecken können.

Zu 6.:
Es ist denkbar, dass die ursprüngliche Zielvereinbarung für den Mitarbeiter unrealistisch hoch angesetzt war. Wenn deshalb keine zufriedenstellenden Ergebnisse verzeichnet werden konnten, sollten gemeinsam erreichbare Ziele festgelegt werden. Ein Kritikgespräch wäre in diesem Falle zwecklos.

Zu 7.:
Prüfen Sie noch einmal, ob das von Ihnen beabsichtigte Kritikgespräch auch wirklich nötig ist. Kritik stellt trotz aller Ratschläge in diesem Büchlein immer eine scharfe Waffe dar, die bei zu häufigem Einsatz stumpf wird und ihre Wirkung verliert.

Haben Sie alle in der Checkliste aufgeführten Fragen ruhigen Gewissens mit „Ja" beantwortet? Dann schreiten Sie zur Tat.

4.2 Wie bauen Sie ein Kritikgespräch auf?

Erhalten Sie Ihrem Mitarbeiter auch nach dem Kritikgespräch ein möglichst großes Maß an Zufriedenheit mit sich und seiner Aufgabe. Diese Zufriedenheit ist Voraussetzung dafür, berufliche Aufgaben langfristig gut zu erledigen. Je mehr Ihnen an diesem Ziel liegt, desto größere Energien werden Sie in das beabsichtigte Gespräch investieren.
Führen Sie ein Kritikgespräch systematisch nach einem „geistigen Fahrplan", vermindert sich das Risiko einer erfolglosen Kritik. Die Erfolgsaussichten erhöhen sich erheblich. Orientieren Sie sich künftig an dem folgenden praxisbewährten sechsstufigen Gesprächsmodell:

Phasen eines Kritikgesprächs

1. Gespräch positiv beginnen
2. Sachverhalt zweifelsfrei klären
3. Mitarbeiter um Stellungnahme bitten
4. Diskussion über Ursachen und Folgen des kritisierten Verhaltens
5. Künftiges Verhalten gemeinsam vereinbaren
6. Gespräch positiv abschließen

Phase 1: Gespräch positiv beginnen
Achten Sie auf eine positive Gesprächsatmosphäre. In „dicker Luft“ kann ein vertrauensvolles Gespräch nicht gedeihen. Hat der Mitarbeiter den Eindruck, er sei Mittelpunkt eines Tribunals, wird er von Beginn an auf Verteidigung sinnen. Ein sachliches und entkrampftes Gespräch ist dann nicht mehr möglich. Besser ist es, mit einem positiven Kontakt zu starten. Das Miteinander-warm-Werden steht im Vordergrund, eine Vertrauensbasis soll geschaffen oder gestärkt werden. Es gilt der Grundsatz:

Wie man startet, so liegt man im Rennen!

Die Situation lässt sich gut mit einer Brücke zwischen dem Vorgesetzten und dem Mitarbeiter vergleichen, die so stabil errichtet werden muss, dass sie mögliche spätere Erschütterungen durch die Kritik ohne Einsturz überstehen kann.
Nutzen Sie Ihr Einfühlungsvermögen und wählen Sie einen sorgfältigen Einstieg in das Gespräch. Fragen Sie sich also, wie Sie die Sympathie Ihres Mitarbeiters gewinnen, vielleicht vorhandenes Eis brechen können. Mit Sicherheit lässt sich zum allgemeinen Verhalten oder zu der Gesamtleistung des Mitarbeiters auch etwas Positives sagen. Finden Sie diese Punkte heraus und bauen Sie eine stabile Kontaktbrücke!

Der Mitarbeiter weiß nach dem positiven Gesprächsbeginn, dass er von seinem Vorgesetzten geschätzt wird. Erst dann ist er bereit, sich für das folgende Kerngespräch zu öffnen. Also bitte nicht vergessen: Wie man sät, so erntet man!

Phase 2: Sachverhalt zweifelsfrei klären

Erst die sorgfältige Analyse des Geschehenen ergibt eine verlässliche Ausgangsbasis und lässt Sie erkennen, ob von der Sache her ein Kritikgespräch erforderlich ist. Denn mit unklaren Pauschalformulierungen, Verallgemeinerungen, vagen Behauptungen und allgemeinen Floskeln lässt sich nur unzureichend Kritik üben:
„Mir ist zu Ohren gekommen, dass es mit Ihren Führungsfähigkeiten nicht weit her ist."
„Ich habe das Gefühl, dass Ihre Leistungen in letzter Zeit nachgelassen haben."

Statt um den heißen Brei herumzureden, müssen Sie sich schon bemühen, den festgestellten Sachverhalt genau und konkret zu bezeichnen:
„In den vergangenen vier Wochen sind drei Reklamationen wegen zu später Auftragserledigung eingegangen."
„Die zum 16. fällige Lieferung ist nicht zeitgerecht aufgegeben worden."

Arbeiten Sie nicht mit Vermutungen, Vorhaltungen und Anklagen, für die Sie keine Beweise haben. Welchen Eindruck erwecken Sie wohl bei Ihrem Mitarbeiter, wenn Sie nichts Genaues wissen?
Hüten Sie sich auch davor, Anschuldigungen von Dritten („Chef, ich weiß etwas ...") als erwiesene Tatsachen anzusehen. Dies kann nur zur Verschlechterung des Arbeitsklimas führen. Von anderen Personen übernommenes Wissen darf Ihnen für eine Kritik nicht genügen. Sie wissen: Oft werden Situationen einseitig, unvollständig und manchmal sogar bewusst verfälscht dargestellt und nicht selten stößt man bei der Klärung

des Sachverhalts auf Umstände, die das Ganze in einem völlig anderen Licht erscheinen lassen.
Bemühen Sie sich um eine eindeutig bezeichnete und daher von beiden Seiten erkannte Ausgangslage. Auf dieser Basis wird anschließend nicht mehr aneinander vorbeigeredet: Der Vorgesetzte kann den Sachverhalt wertfrei – das heißt ohne Schuldzuweisungen – schildern. Der Mitarbeiter weiß nun genau, auf welchen Inhalt das Gespräch begrenzt ist.

Phase 3: Mitarbeiter um Stellungnahme bitten
Vergleichen wir das Kritikgespräch einen Moment mit einer Gerichtsverhandlung: Die Rollen des Richters und Klägers übernimmt der Vorgesetzte, Beklagter ist der Mitarbeiter. Würde dem Beklagten keine Möglichkeit der Stellungnahme zu der Anklage gewährt und könnte er den Vorgang nicht aus eigener Sichtweite kundtun, wäre die Verhandlung eine Farce.
Die Fairness gebietet es Ihnen, dem Mitarbeiter das Recht auf Äußerung zu dem Sachverhalt zuzugestehen. Dabei bemühen Sie sich um direkte Informationen aus dem Mund des Mitarbeiters ohne vorgefasste Meinungen oder Vorurteile jeglicher Art – so wie wir von einem Richter zunächst eine nichtbeurteilende Haltung sowie die unvoreingenommene Entgegennahme vorgelegter Beweise erwarten.
Die Darstellung der Sichtweise des Mitarbeiters ist unverzichtbar, denn er steht der zu besprechenden Sache in der Regel am nächsten.
Vielleicht lässt die Stellungnahme erkennen, dass der Mitarbeiter sogar „unschuldig“ ist bzw. ihm kein kritikfähiges Verhalten anzulasten ist, weil

- einer anderen Person der Fehler zuzuschreiben ist,
- Zuständigkeitsregelungen unklar waren,
- Anweisungen unterschiedliche Interpretationen zuließen
- oder notwendige Informationen nicht rechtzeitig zur Verfügung standen.

Schieben Sie in diesem Fall Ihrem Mitarbeiter die erkannten Missstände nicht „in die Schuhe“, sondern sorgen Sie für Fehlerbegrenzung und -vermeidung.
Geben Sie Ihrem Mitarbeiter Zeit, sich ausführlich zu äußern.
Nicht alle Menschen verfügen über die Gabe, sich kurz, präzise und klar auszudrücken. Hören Sie Ihrem Mitarbeiter zu und unterbrechen Sie keinesfalls. Notfalls können Sie mit geschickt eingeblendeten Fragen immer wieder auf den Kern der Sache zurückkommen.
Bleiben Sie offen dafür, Ihnen bisher nicht bekannte Informationen zur Kenntnis zu nehmen. Wahren Sie Ihr Gesicht, wenn Sie trotz neuer Erkenntnisse auf Ihrer alten Meinung beharren? Bringen Sie den Mut auf, sich formell zu entschuldigen, wenn Sie erkennen, dass Sie einem Irrtum aufgesessen sind. Dies trägt Ihnen einen Gewinn an persönlicher Autorität in den Augen des Mitarbeiters ein.
Konfuzius meint:

Wer einen Fehler gemacht hat und ihn nicht korrigiert, begeht einen zweiten.“

Räumen Sie dem Mitarbeiter im Bedarfsfall die Möglichkeit einer Gesprächsunterbrechung ein, beispielsweise wenn er für seine Stellungnahme in momentan nicht bereitstehende Unterlagen einsehen will. Scheuen Sie sich nicht, das Gespräch zu einem späteren Zeitpunkt fortzusetzen, wenn der Mitarbeiter neue Gesichtspunkte vorträgt, mit denen Sie sich erst einmal beschäftigen müssen.

In dieser Phase greift der Mitarbeiter möglicherweise zu Entschuldigungen, die Ihnen wie Ausflüchte, Notlügen oder Beschönigungen vorkommen. Begegnen Sie diesen Verteidigungsversuchen nicht mit moralischen Vorwürfen. Die Gesprächsatmosphäre verschlechtert sich zwangsläufig, wenn Sie den Mitarbeiter der Unwahrheit bezichtigen oder ihn als Lügner entlarven:

Rechtfertigung:	Vorwurf:
„Ich handelte aus folgenden Überlegungen."	*„Lügen Sie doch nicht. Immer diese faulen Ausreden."*

Betrachten Sie Ausflüchte, Notlügen und Beschönigungen als natürliche Reaktionen des Mitarbeiters. Wer gibt schon gern ein Fehlverhalten zu? Statt aus Ihrer Sicht berechtigte Vorwürfe zu erheben, die das Vertrauensverhältnis nur unnötig gefährden würden, stellen Sie bei Unstimmigkeiten oder erkannten Unwahrheiten sachliche Fragen nach Einzelheiten:

Rechtfertigung:	Sachliche Analyse:
„Ich handelte aus folgenden Überlegungen ..."	*„Das ist mir neu. Woher haben Sie erfahren ...?"*

Erst wenn mit klaren Fakten ein Tatbestand sicher zu erkennen ist, wird auf dieser Grundlage das Gespräch zur nächsten Phase übergeleitet.

Phase 4: Diskussion über Ursachen und Folgen des kritisierten Verhaltens

Hier kommt es darauf an, gleichberechtigt und gemeinsam die Ursachen und die Folgen des kritisierten Verhaltens zu erörtern. Häufig werden wir Fehler nur dann korrigieren können, wenn die Ursachen bekannt sind. Wenn wir wissen, weshalb etwas falsch gelaufen ist, finden wir Möglichkeiten, für die Zukunft eine Besserung zu erzielen: So werden Unzulänglichkeiten im organisatorischen Bereich neuen Erfordernissen angepasst, vorhandene Wissenslücken beim Mitarbeiter durch verstärkte Schulung oder gezielte Information und eine unzureichende Arbeitsausführung vorrangig durch Training und Schulung korrigiert.

Es ist durchaus in Ordnung, nach den Ursachen der Fehler zu forschen. Der Zweck des Nachhakens liegt in der Ausmerzung der Fehlerquelle, nicht in der Verurteilung des Mitarbeiters. Vermeiden Sie den Blick in die Vergangenheit, sondern schauen Sie nach vorne.

Dieser Gesprächsteil dient dazu, dass der Mitarbeiter nach einer ruhig und sachlich geführten Diskussion erkennen kann, dass und aus welchem Grunde seine Handlungsweise verfehlt war. Die Mängel werden nunmehr von beiden Gesprächsteilnehmern in gleicher Weise beurteilt so dass die Korrekturmaßnahmen folgen können.

Phase 5: Künftiges Verhalten gemeinsam vereinbaren
Verhaltensänderungen beruhen immer auf Lernprozessen. Möglicherweise soll der Mitarbeiter während einer längeren Zeitspanne herangebildete Gewohnheiten ablegen, anpassen oder durch neue ersetzen. Dies bedeutet stets ein Umlernen. Umlernen erfordert mehr Energie als erstmaliges Lernen. Es ist fraglich, ob der Mitarbeiter die nötige Kraft hat, um umzulernen. Wenn Sie ihm eine neue Regelung ohne seine Beteiligung „aufs Auge drücken", die er „der Not gehorchend und nicht dem eigenen Triebe" praktizieren soll, wird er diese wohl kaum aufbringen!

Weit günstiger erweist es sich, mit dem Mitarbeiter partnerschaftlich zu besprechen, wie in Zukunft vorgegangen werden soll. Dieser Blick in die Zukunft ist bedeutsamer, als weiter über längst vergossene Milch zu jammern. Der Mitarbeiter hört schließlich nur ungern Vorwürfe seines Vorgesetzten.

Jetzt steht die Lösung des diskutierten Problems im Vordergrund, die möglichst auch zu erwartende ähnliche Probleme mit einschließen sollte. Das bedeutet: Produzieren Sie sich keinesfalls als Alleinunterhalter, der lediglich die eigenen Vorstellungen vorträgt, den Mitarbeiter zur Untätigkeit verdammt und schließlich das aus seiner Sicht optimale Ergebnis festlegt. Streben Sie besser eine aktive Beteiligung des Mitarbeiters an, in welcher dieser eigene Zielvorstellungen entwickelt. Je mehr der Mitarbeiter richtige Wege, Mittel und Maßnahmen vorschlägt, umso stärker wird er eine seine eigenen Gedanken beinhaltende Lösung akzeptie-

ren, sich mit ihr identifizieren und sie dann auch in die Tat umsetzen.
Ergebnisse, die der Mitarbeiter mit festlegen kann, bündeln seine Energien für konkrete Handlungen. Der Elan und Einsatz für ein gemeinsam entwickeltes Ziel ist ungleich größer als der für eine aufgezwungene Lösung.
Die vereinbarten realistischen Verbesserungsvorschläge sind auf eine ruhige, klare und nicht verletzende Weise unmissverständlich zu bezeichnen. Definieren Sie das Verhalten in der Zukunft und richten Sie die Aufmerksamkeit des Mitarbeiters darauf.
Jetzt sind ihm ja die Fakten bekannt, die ihm helfen werden, ins Schwarze zu treffen.
Mit einem

„Schaun'mer mal."
„Haben Sie mich verstanden?"
„Habe ich mich klar genug ausgedrückt?"
„Sie wissen jetzt, was mir nicht gefällt. Sehen Sie also zu, dass dies künftig besser klappt."

darf das Gespräch nicht enden. Formulieren Sie das Gesprächsergebnis konkret und eindeutig:
„Wir sind uns einig, reklamierende Kunden sehr korrekt und einfühlsam zu behandeln. Künftig beachten Sie bitte die von uns aufgestellten sechs Merkpunkte."

Verkneifen Sie sich das Herumreiten auf Nebensächlichkeiten, die eine Ergebnisverbesserung unnötig erschweren würden. Stellen Sie dem Mitarbeiter auch keinen Kollegen als leuchtendes Vorbild dar.

Äußert der Mitarbeiter Einwände oder Widerstände gegen das genau bezeichnete Gesprächsergebnis, bleiben Sie ruhig. Besprechen Sie die strittigen Punkte offen und partnerschaftlich.

Manchmal lässt sich eine Belehrung einfach nicht vermeiden. Wenn Sie jedoch Hinweise auf eigene Fehler oder Erfahrungen in ähnlichen Situationen zufügen, anstatt die eigene – in der Regel unglaubwürdige – Unfehlbarkeit herauszustreichen, sind Sie noch glaubwürdiger.
Ihre konkreten und eindeutigen Aussagen zu dem künftigen Verhalten müssen dem Mitarbeiter helfen, sich an die neue Vereinbarung zu halten. Obwohl Sie an der Bereitschaft des Mitarbeiters nicht zweifeln, dass dieser sein bisheriges Fehlverhalten abstellt und dafür das Vereinbarte berücksichtigt, werden Sie dennoch mit ihm ganz offen verstärkte Kontrollen vereinbaren. Damit weiß er, dass die Sache ernst gemeint und wichtig ist.

Künftige Kontrollen dienen der Hilfestellung, erleichtern das Erreichen des Vereinbarten und geben dem Vorgesetzten auch die Möglichkeit, bei einer Verbesserung Anerkennung auszusprechen. Legen Sie Ihrem Mitarbeiter ruhig dar, dass Sie mit jedem Kritikgespräch die Hoffnung auf seine künftigen Erfolge verbinden und dass Sie Kontrollen als notwendige, sinnvolle und hilfreiche Instrumente betrachten, die bei erkennbaren Leistungs-/Verhaltensverbesserungen Ihre positiven Rückmeldungen auslösen. Spätestens hier hakt mancher Vorgesetzter ein:
„Ich halte nichts davon, auf beabsichtigte Kontrollen aufmerksam zu machen. Weise ich darauf hin, wird

sich der Mitarbeiter „am Riemen reißen“ und keine Fehler machen.“

Nun, wäre das so schlimm? Wir beabsichtigen doch das künftige Vermeiden von Fehlern!
Der Mitarbeiter muss erfahren, was von ihm erwartet wird. Ihr Hinweis auf künftige Kontrollen sollen die Bemühungen des Mitarbeiters zur Leistungs-/Verhaltensverbesserung verstärken.

Phase 6: Gespräch positiv abschließen
Während für den Gesprächsbeginn häufig die Aussage „Der erste Eindruck ist entscheidend“ zutrifft, beherzigen Sie für den Gesprächsschluss den Hinweis „Der letzte Eindruck bleibt“. Und dieser letzte Eindruck darf nicht so negativ sein, dass der Mitarbeiter innerlich kündigt. Einem etwas holperig verlaufenen Sachgespräch kann mit einer positiven Geste der Versöhnung noch eine Wende zu weiterhin guter Zusammenarbeit gegeben werden. Was sagt Goethe dazu?

Aufmunterung nach dem Tadel ist Sonne nach dem Regen, fruchtbares Gedeihen.

Betonen Sie Ihrem Mitarbeiter gegenüber ausdrücklich, dass Sie an seine guten Absichten und seine Fähigkeiten glauben:
„Ich zweifle nicht daran, dass Sie ...“
„Wenn Sie wie jetzt besprochen vorgehen, werden Sie ähnliche Situationen künftig gut meistern ...“
„Ich bin fest davon überzeugt, dass Sie unter den neuen Vorzeichen bestens ...“

Nach dem Gespräch darf es weder einen Sieger noch einen Verlierer geben. Beide Seiten sollten das Gefühl haben, durch das Gespräch gewonnen zu haben.
Achten Sie darauf, dass dem Kritikgespräch kein „bitterer Nachgeschmack“ anhaftet. Sie haben das Gesprächsziel eindeutig verfehlt, wenn sich Ihr Mitarbeiter „wie ein begossener Pudel“ trollt. Geben Sie sich große Mühe, das Kritikgespräch in einem freundlichen Klima abzuschließen. Der Sieger sollte stets die besprochene Angelegenheit sein!

4.3 Welche Gesprächsstruktur ist für Sie künftig unverzichtbar?

Wollen Sie ein gut aufgebautes, zum Erfolg führendes und das Selbstwertgefühl ihres Gesprächspartners nicht verletzendes Kritikgespräch führen, behalten Sie die sechs idealtypischen Phasen für Kritikgespräche im Auge:

Das logisch und psychologisch treffende Kritikgespräch:

1. Sie richten Ihr Augenmerk darauf, das Gespräch positiv zu beginnen. Eine stabile Kontaktbrücke wird errichtet.

2. Sie bezeichnen den Sachverhalt. Dabei verwenden Sie weder Pauschalformulierungen, noch äußern Sie Vermutungen und Anschuldigungen ohne Beweise. Sie bemühen sich um sorgfältige Klärung

des Geschehenen und nehmen Aussagen von Dritten zunächst skeptisch zur Kenntnis.

3. Sie bitten den Mitarbeiter um Stellungnahme zu dem von Ihnen vorgetragenen Sachverhalt. Diese ist wichtig, da Ihr Gesprächspartner der Sache regelmäßig am nächsten steht.
   Sie lassen sich und dem Mitarbeiter hierbei Zeit und hören genau zu. Falls erforderlich, sind Sie bereit, neue Informationen vorurteilsfrei zu werten und sich auch für eine Fehleinschätzung zu entschuldigen. Müssen vom Mitarbeiter noch zusätzliche Informationen beigebracht werden oder benötigen Sie für die Prüfung neuer Erkenntnisse Zeit, unterbrechen Sie das Gespräch. Unwahrheiten begegnen Sie nicht mit moralischen Wertungen, sondern versuchen, durch sachliche Fragen nach Einzelheiten die Situation zu bereinigen.

4. Sie sehen eine Diskussion über Ursachen und Folgen des kritisierten Verhaltens vor. Verfehlt wäre es, hier in epischer Breite Klagelieder über Vergangenes anzustimmen. Sie haben das Ziel dieser Phase erreicht, wenn der Mitarbeiter einsieht, dass und weshalb sein Handeln fehlerhaft war.

5. Sie vereinbaren gemeinsam das künftige Verhalten, wobei Sie den Mitarbeiter unbedingt einbeziehen, mit ihm gleichberechtigt das Für und Wider verschiedener Handlungsmöglichkeiten erörtern und sich auf eine Vorgehensweise

einigen. Das vereinbarte Ergebnis ist ohne die Möglichkeit der Fehlinterpretation eindeutig zu bezeichnen. Auch sind Kontrollen vorzusehen und dem Mitarbeiter anzuzeigen, damit das vereinbarte Soll erreicht wird.

6. Sie achten auf einen positiven Gesprächsabschluss, bei dem Sie zum Ausdruck bringen, dass Sie Ihren Mitarbeiter weiterhin schätzen und die Basis für eine gedeihliche Zusammenarbeit nach wie vor besteht.

5. Verabreichen Sie das lebenswichtige Vitamin Anerkennung

Weshalb ist Anerkennung für Sie und Ihre Mitarbeiter ein wichtiger Motivator?

Wie gelingt es Ihnen, mit Anerkennung schlummernde Kräfte bei Ihren Mitarbeitern zu wecken?

Der Mitarbeiter hat sich redlich bemüht – statt einer positiven Rückmeldung erntet er von seinem Vorgesetzten jedoch nur Schweigen.

5.1 Was bewirkt Anerkennung bei Ihnen und Ihren Mitarbeitern?

Zunächst eine aus dem Leben gegriffene Anekdote:

Sonntag, 13.00 Uhr: Das Mittagessen. Im Vorfeld hatte sich die Ehefrau Gedanken gemacht, mit welchen Gaumenfreuden sie ihren Mann verwöhnen könne. Am Samstag hatte sie die nötigen Zutaten eingekauft und sich am Sonntag schon bald nach dem Frühstück an den Herd begeben, um ihren Mann mit einem leckeren Essen zu überraschen. Pünktlich steht das Essen auf dem Tisch, die spärliche Unterhaltung während des Essens bewegt sich um eher belanglose Dinge. Dann:

Sie: „*Schmeckt's?*"
Er: „*Na, wie immer, man kann nicht meckern.*"
Sie: „*Nun sag doch schon, ob es wirklich schmeckt.*"
Er: „*Was willst du denn von mir hören?*"
Sie: „*Na, ob es dir wirklich schmeckt und ob es auch so gewürzt ist, wie du es am liebsten hast.*"
Er: „*Was soll das Gerede! Wenn es mir nicht schmecken würde, dann hättest du es schon längst erfahren.*"

Nun, wie beurteilen Sie das Verhalten des Ehemannes? Unmöglich, lieblos, rüpelhaft?
Tatsächlich geschieht täglich an vielen Arbeitsplätzen Ähnliches.

Kluge Vorgesetzte setzen Anerkennung gezielt ein und erreichen bei geschickter Nutzung dieses Führungsmittels die betrieblichen Ziele bei größerer Zufriedenheit ihrer Mitarbeiter. Sie haben erkannt, dass Anerkennung im Gegensatz zur Kritik eine besonders dankbare Aufgabe für jeden Vorgesetzten ist.

5.2 Anerkennung verschafft Erfolgserlebnisse

Erfolgserlebnisse sind wesentliche Voraussetzungen für eine dauerhafte positive Einstellung zur Arbeit sowie für das Erzielen optimaler Arbeitsergebnisse. Denn was uns Erfolg gebracht hat, das wiederholen wir gerne. Die Anerkennung selbst kleiner Fortschritte spornt zu weiteren Bemühungen an, die uns wiederum Anerkennung einbringen sollen.
Beantworten Sie bitte spontan die Statements in nachfolgender Übung:
Wie reagieren Sie bei ehrlich gemeinter und sachlich nachvollziehbarer Anerkennung durch Ihren Vorgesetzten?

Mein Selbstwertgefühl steigt	ja	nein
Ich habe ein Erfolgserlebnis	ja	nein
Ich fühle mich gestreichelt	ja	nein
Meine Arbeitsfreude erhöht sich	ja	nein
Die Anerkennung ist für mich Selbstbestätigung	ja	nein
Ich engagiere mich stärker und bin kreativer	ja	nein

Die Anerkennung spornt mich zu weiteren guten Leistungen an	ja	nein
Mein Vorgesetzter wird mir sympathischer	ja	nein
Meine Loyalität gegenüber meinem Vorgesetzten wächst	ja	nein
Ich werde ermutigt, was zusätzliche Kräfte in mir freisetzt	ja	nein
Die Anerkennung wirkt sich – zumindest partiell – positiv auf andere Lebensbereiche aus und verbessert meine Lebensqualität	ja	nein

Haben Sie ehrlich geantwortet? Dann werden Sie häufiger „Ja" angekreuzt haben. (Sollten Sie zu der seltenen und bedauernswerten Spezies zählen, die sich häufiger für „Nein" entschieden hat, liegt die Vermutung nahe, dass Sie schon seit längerem keine anerkennenden Worte mehr gehört haben und sich deshalb nicht mehr an ihre positiven Wirkungen erinnern können.)
Nun, wenn Anerkennung für Sie selbst eine stark motivierende Kraft darstellt, wird sie auch auf Ihre Mitarbeiter eine ähnlich positive Wirkung haben. Mit einer vom Mitarbeiter redlich verdienten Anerkennung verhelfen sie ihm zu Höhenflügen, die den Arbeitsalltag durchbrechen. Ein chinesisches Sprichwort sagt:
Ein Wort der Anerkennung hält den Menschen warm drei Winter lang.

Vor allem Berufsanfänger und unsichere Mitarbeiter benötigen Anerkennung in besonderem Maße. Hier wirkt Anerkennung als „Entwicklungshilfe" – und sorgt vorrangig dafür, dass eine richtig ausgeführte Tätigkeit stabilisiert wird. Hierdurch kommt es zu einer Stärkung des Selbstvertrauens Ihres Mitarbeiters. Dieses ist wiederum wesentliche Voraussetzung, um sich in der Arbeitswelt sicher zu fühlen und möglichst rasch Fuß zu fassen.

Von einem interessanten „Abfallprodukt“ der Anerkennung wissen Mediziner und Betriebspsychologen zu berichten: Erfolgserlebnisse führen zu einer günstigen Hormonlage im menschlichen Körper: Der Adrenalinspiegel ist entsprechend niedrig, während Endorphine, die als körpereigene Glückshormone gelten, freigesetzt werden. Hierdurch funktionieren die „Schaltvorgänge“ der Gehirnzellen unseres Nervensystems reibungslos. Es stellt sich auch ein allgemeines Wohlbefinden ein. Und fühlt sich der Mensch wohl in seiner Haut, wird er besser arbeiten, gute Leistungen erzielen und einer weiteren Motivation zugänglich sein.

Einer Studie zufolge (Prof. Johannes Siegrist und Dr. Karin Siegrist sind Personen, die immer wieder vergeblich um Anerkennung ringen, anfälliger für einen Herzinfarkt als andere.

Anerkennung ist also wie ein lebenswichtiges Vitamin für uns. Was passiert, wenn wir zu wenig Vitamine zu uns nehmen? Verdrossenheit, Lustlosigkeit, schnelle Ermüdung und Niedergeschlagenheit sind die Folge. Ist jedoch die Vitaminzufuhr gewährleistet, wirkt dieses Vitamin als Heil- und Wundermittel. Der englische Dichter John Masefield formulierte es so:

Vielleicht wird alle hundert Jahre einmal ein Mensch durch Lob unglücklich oder unausstehlich, aber ganz sicher geht jede Minute etwas Gutes aus Mangel an Lob zugrunde.

Begehen Sie nicht den Fehler, mit dem Führungsmittel Anerkennung zu restriktiv umzugehen. Legen Sie sich für die Dauer eines Monats eine Strichliste in einfacher Form an. Tragen Sie hier ein, wie häufig Sie Kritik übten und wie oft Sie im gleichen Zeitraum Leistungen Ihrer Mitarbeiter mit anerkennenden Worten honoriert haben.

Mitarbeiter		1.	2.	3.	4.	5.	8.	9... usw.
Meyer	Anerkennung							
	Kritik							
Folken	Anerkennung							
	Kritik							
Maiwald	Anerkennung							
	Kritik							

Hoffentlich gehören Sie bei Ihrer Auswertung nicht zu den gedankenlosen Vorgesetzten, denen bei der täglichen Hektik die Zeit zum Anerkennen fehlt. Verzichten Sie nämlich konsequent auf anerkennende Worte, werden Sie eines Tages feststellen, dass in Ihrem Bereich kaum noch anzuerkennende Leistungen gebracht werden. Die Mitarbeiter haben es schließlich aufgegeben, sich durch – offensichtlich nicht zur Kenntnis genommene – besondere Leistungen auszuzeichnen. Schon Shakespeare erkannte:

Die gute Tat, die ungepriesen bleibt, würgt tausend and're, die sie zeugen könnte.

Denken Sie daran: Wenn Sie dem einzelnen Mitarbeiter erst am Rande seines Grabes die Anerkennung zuteil-

werden lassen, kommt diese Würdigung für den Verblichenen viel zu spät!
Geben Sie Ihren Mitarbeitern rechtzeitig eine verdiente Anerkennung und verschaffen Sie ihnen damit Sternstunden, die den Arbeitsalltag durchbrechen. Damit die erwünschten positiven Folgen einer Anerkennung, also Selbstbestätigung und Motivation, eintreten, ist es wichtig, Anerkennung in Erfolg versprechender Weise zu vermitteln. Worauf ist bei Anerkennung besonders zu achten?

5.3 Wie sollten Sie Anerkennung aussprechen?

Anerkennung muss aufrichtig sein
Was kann einem Vorgesetzten Besseres widerfahren als erfolgreiche Mitarbeiter? Stellt sich beim Mitarbeiter Erfolg ein, wird der Erfolg auch auf den Vorgesetzten überstrahlen und auch den Erfolg des Unternehmens positiv beeinflussen. Deshalb „gönnen“ wir unseren Mitarbeitern von ganzem Herzen redlich verdiente Erfolgserlebnisse in Form unserer Anerkennung. Mahnend bemerkte Thomas Mann:

Niemand kann andere Menschen gut führen, wenn er sich nicht ehrlich an deren Erfolgen zu freuen vermag.

Kontraproduktiv ist das Verhalten eines Vorgesetzten, der anerkennende Bemerkungen wahllos und gießkannenartig über seine Mitarbeiter ausschüttet. Wenn positive Rückmeldungen nicht auf der konkreten Einschätzung der Leistungen oder des Verhaltens beruhen, werden sie von den Mitarbeitern sogleich als Zweckmanöver entlarvt. Hinter vorgehaltener Hand abgegebene Bemerkungen wie

Schon wieder dieses Chefgesülze! Heute muss er wieder seine Streicheleinheiten loswerden. Wer weiß, was er im Schilde führt ...

lassen das ausgeprägte Gespür für den Manipulationsversuch des Vorgesetzten erkennen.

Dosieren Sie Anerkennung genau

Eine unterbrochen dosierte Anerkennung ist besser als eine stetige Anerkennung. Denn diejenige Anerkennung erscheint uns am wertvollsten, die am schwersten zu erhalten ist. Sie merken: Auch ein extrem großzügiger Umgang mit Anerkennung trägt die Gefahr des Abstumpfens in sich.

Wichtig ist, dass die Anerkennung möglichst zeitnah in passender Weise erfolgt. Lobhudeleien oder überschwängliches Bedanken sind fehl am Platze. Oft genug erzielen Sie schon mit einem anerkennenden Kopfnicken oder einem

- *„vielen Dank"*,
- *„das trifft genau den Kern"*,
- *„okay, so hatte ich mir das vorgestellt"*,
- *„prima"*,
- *„gut so"*,
- *„gut gemacht"*

eine aufbauende Wirkung. Wenn der Mitarbeiter das übliche Arbeitsergebnis übertroffen oder trotz schwieriger Bedingungen erreicht hat, dann sagen wir ihm, was an seiner Leistung besonders anerkennenswert ist. In herausragenden Fällen sollten Sie überlegen, ob auf Ihren Vorschlag der nächsthöhere Vorgesetzte noch zusätzlich Anerkennung in angemessener Form gibt.

Anerkennung muss sachorientiert sein

Ebenso wie die Kritik soll auch die Anerkennung auf die Sache bezogen sein, nicht jedoch auf die Person des Mitarbeiters. Loben Sie die Person des Mitarbeiters über den grünen Klee („Sie sind mein bestes Pferd im Stall"), dann kann der Mitarbeiter mit dieser Aussage kaum etwas anfangen. Machen Sie Ihre Anerkennung an einem konkreten Sachverhalt fest („Die Beschwerde haben Sie sehr zügig und für die Beteiligten äußerst zufriedenstellend erledigt, prima gemacht"), nimmt Ihr Mitarbeiter diese redlich verdiente positive Feststellung erfreut zur Kenntnis.

Auch ist es für den Mitarbeiter entmutigend, vormittags persönlich gelobt („Sie sind ein gewissenhafter Mitarbeiter") und nachmittags persönlich getadelt („Sie sind ein unzuverlässiger Mitarbeiter") zu werden. Wer von uns würde sich als Mitarbeiter nicht über die wechselnde Beurteilung seiner Person von einem Extrem ins andere wundern? Wird dagegen nur ein bestimmter sachlicher Aspekt anerkannt („Den Vorgang ... haben Sie sehr zügig und zielführend bearbeitet"), so steht es den Vorgesetzten durchaus frei, später auch sachliche Kritik („Den Brief an ... sollten Sie besser überarbeiten, denn ...“) zu üben.

Formulieren Sie Anerkennung so konkret wie möglich
Unklare Pauschalformulierungen und allgemeine Floskeln wie „*Mit Ihren Arbeitsergebnissen bin ich sehr zufrieden*“ lassen die Basis einer positiven Rückmeldung nicht immer eindeutig erkennen. Nennen Sie hingegen Zahlen, Daten und Fakten, dann werden Ihre anerkennenden Bemerkungen konkret und glaubwürdig:
„*Die letzten drei Abrechnungen haben Sie exakt und terminlich sehr früh aufgestellt. Das waren reife Leistungen.*“

Der Mitarbeiter erhält sogleich das Gefühl, die Anerkennung wirklich verdient zu haben.

Geben Sie Anerkennung unmittelbar nach einer positiven Leistung
Bei Ihren anerkennenden Worten muss dem Mitarbeiter deutlich im Bewusstsein sein, mit welcher Arbeitsleistung er sich die Streicheleinheit verdient hat. Übermitteln Sie Ihre Anerkennung also unmittelbar nach einer erfreulichen Leistung und nicht erst in gesammelter Form während eines Beurteilungsgesprächs. Schließlich soll die Anerkennung positive Ergebnisse verstärken und das Leistungsverhalten steigern. Erhält der Mitarbeiter hingegen eine Anerkennung erst mit großer Verspätung, dann ist für ihn der Zusammenhang zwischen der geleisteten Arbeit und der Reaktion seines Vorgesetzten kaum noch erkennbar.
Zur rechten Zeit gegebene Anerkennung belohnt sowohl den Spender als auch den Empfänger!

Vermeiden Sie jedoch eine vorschnelle Anerkennung. Nichts ist schlimmer, als nach eingehender Überlegung feststellen zu müssen, dass die Anerkennung unbegründet war und zurückgenommen werden muss.

Anerkennung geben Sie nicht nur für sehr gute Leistungen

Sicherlich ist es richtig: Besondere Leistungen müssen mit besonderer Anerkennung belohnt werden. Diesem Grundgedanken folgend sind Vorgesetzte zu anerkennenden Worten eher bereit, wenn Mitarbeiter sehr gute Leistungen erzielen. Allerdings stellen vorzügliche Arbeitsergebnisse nicht den Regelfall dar. Durchschnittliche Leistungen sind eher an der Tagesordnung. Der Großteil der Mitarbeiter liefert tagein, tagaus gute bis ausreichende Arbeitsergebnisse ab. Sollen diese Mitarbeiter etwa ein Aschenbrödeldasein führen, ohne jemals von ihren Vorgesetzten anerkennende Worte zu hören? Sollen sie den motivierenden Sog der Anerkennung nie verspüren? Wollen Sie das mit Anerkennung verbundene Erfolgserlebnis ewig vorenthalten? – Wohl kaum!

Auch in Fällen der normalen Arbeitsleistung wird der Vorgesetzte hin und wieder redlich verdiente Anerkennung aussprechen, um auch auf schwächere Mitarbeiter motivierend einzuwirken. Erhalten diese Mitarbeiter von Zeit zu Zeit eine Bestätigung, dass die Arbeitsergebnisse den Anforderungen entsprechen, lässt sich die Arbeitsfreude heben und die Arbeitsmoral stärken.

Gehen wir noch einen Schritt weiter: Bereits die Anerkennung von richtigen Ansätzen und Teilerfolgen formt das Verhalten der Mitarbeiter in Richtung auf das gewünschte Ergebnis. Würde hier der Vorgesetzte mit seiner Anerkennung bis zu einer sehr guten Leistung warten, könnte der Mitarbeiter auf dem langen Weg bis zur Perfektion resignieren. Die guten Ansätze gingen wegen der fehlenden positiven Rückmeldung verloren.

Verbinden Sie Anerkennung nicht mit Kritik

Auch Ihr bester Mitarbeiter bleibt nicht von Fehlern oder falschen Verhaltensweisen verschont. In diesen Fällen gehört es zu Ihren Führungsaufgaben, das Führungsmittel „Kritik" einzusetzen. Sie kämen Ihren Führungsaufgaben nicht nach, würden Sie bei den Mitarbeitern, die im Regelfall Vorzügliches leisten, großmütig über Fehlentwicklungen oder -verhalten hinwegsehen. Damit ein „Überflieger" oder „Leuchtturm" die berechtigte Kritik besser verkraftet, werden der Kritik oft anerkennende Worte über eine gelungene Aufgabe vorgelagert:
„Ihre Reaktion in der Situation ... war großartig. Da haben Sie elegant Ihren Verhandlungspartner schachmatt gesetzt. Allerdings bin ich über die Situation ... enttäuscht, wo es offensichtlich an Ihrer gezielten Vorbereitung mangelte. Kein Wunder also, dass Sie ins offene Messer liefen und unsere Position völlig unzureichend vertraten."

Diese „Zuckerbrot-und-Peitsche-Technik" verwenden Vorgesetzte, wenn sie glauben, dem Mitarbeiter „einen Dämpfer verpassen" zu müssen, damit „die Bäume nicht in den Himmel wachsen".
Sie merken: Die mit der Anerkennung verbundene wohltuende Wirkung wird sogleich wieder eliminiert,

wenn den positiven Vorgesetztenworten mahnende Hinweise bis hin zu harschen kritischen Worten folgen. Trennen Sie Anerkennung und Kritik stets zeitlich voneinander. Dann kann die Kritik nicht die vorhergehende Anerkennung überlagern und deren anfängliche positive Wirkung zunichtemachen.

Sprechen Sie Anerkennung nicht in Gegenwart Dritter aus

Eine in der Öffentlichkeit anerkannte Leistung kann überheblich machen oder gar eitel. Sie kann dazu führen, dass dem positiv bewerteten Mitarbeiter „der Kamm schwillt".

Ein weiterer Gesichtspunkt ist für diese Empfehlung von größerer Bedeutung: Wenn ein Kollege anwesend ist, während Sie dem Mitarbeiter Anerkennung zuteilwerden lassen, so wird der Zuhörer wahrscheinlich seine eigenen Leistungen mit denen des „gestreichelten" Kollegen vergleichen. Nicht jeder Mitarbeiter ist neidlos bereit, die erzielte Leistung eines anderen als anerkennenswert zu betrachten („Der arbeitet auch nicht besser als ich. Wofür genießt er dann eine Vorzugsbehandlung?"). Manche fühlen sich persönlich ungerecht zurückgesetzt, andere sind wiederum eifrig bemüht, dem mit Anerkennung beglückten Kollegen Steine in den Weg zu rollen – dem „Streber" oder „Speichellecker" eins auszuwischen.

Das Arbeitsklima wird erheblich beeinträchtigt, wenn die Anerkennung auch noch „vor versammelter Mannschaft" ausgesprochen und der mit der positiven Rückmeldung versehene Mitarbeiter als leuchtendes Vorbild dargestellt wird, an dem sich die Kollegen ein Beispiel nehmen sollten. Vermutlich wird der in dieser

Form Anerkannte es wegen dieser Peinlichkeit kaum wagen, den Blick zu heben.

Eine Anerkennung in Gegenwart Dritter ist nur dann gerechtfertigt, wenn vor allen Mitarbeitern eine besondere Dankbarkeit ausgedrückt werden soll, so beispielsweise bei einem Arbeitsjubiläum oder der Versetzung eines Mitarbeiters in den Ruhestand. Die bei diesen Gelegenheiten geäußerten positiven Wertungen werden von den Kollegen nicht immer ernst genommen, sondern als Bestandteil einer offiziellen Ehrung erkannt, sodass Neid und Missgunst kaum aufkommen.

Führungskräfte verbringen oft viel Zeit damit, Mitarbeiter zu erwischen, wenn diese etwas falsch gemacht haben. Ertappen Sie besser Ihre Mitarbeiter dabei, wenn sie gute Leistungen gezeigt haben. Durch berechtigte und wirkungsvolle Anerkennung helfen Sie ihnen, ihre Höchstform zu erreichen.

5.4 Mit welchen wesentlichen Fragen bringen Sie Anerkennungsgespräche auf einen guten Weg?

Immer wieder werden positive Absichten aus Zeitnot, Ungeschicklichkeit oder Unkenntniss ins Negative verkehrt. Selbst bei Anerkennungsgesprächen werden Fettnäpfchen nicht ausgelassen. Um dieses zu vermeiden, nehmen Sie sich künftig in die Pflicht und orientieren Sich an unserer Checkliste:

Checkliste für Anerkennungsgespräche

WER?	Zuständig ist grundsätzlich der direkte Vorgesetzte.
WAS?	Positive Leistungen und Verhaltensweisen sind anzuerkennen, nicht einzelne Charakterzüge. Nicht nur Spitzen- und gute Dauerleistungen anerkennen, sondern auch – bei unsicheren oder schwächeren Mitarbeitern – richtige Ansätze und Teilerfolge.
WO?	Stets unter vier Augen. Bei Anerkennung von Gruppenleistungen das gesamte Team einbeziehen.
WIE?	Aufrichtig, ausdrücklich, differenziert, konkret, angemessen anerkennen.
WANN?	Möglichst bald nach gewonnenen Erkenntnissen.
FOLGEN?	Den Worten bei Gelegenheit auch Taten folgen lassen, so zum Beispiel materielle Leistungen, mit Projektleitung betrauen, Ernennung zum Stellvertreter, Aufstieg, Aufgabenbereicherung Delegation herausfordernder Aufgaben, Kompetenzen und Verantwortung, Förderprogramme für Führungsnachwuchskräfte.

Ausblick

Aufgaben, Kompetenzen und Verantwortungen von Mitarbeitern und Vorgesetzten sind im beruflichen Alltag eng verzahnt und greifen ineinander. Zwangsläufig hieraus resultierende soziale Beziehungen sind äußerst sensibel und kompliziert.

Ein Tropfen Öl – Anerkennung – bewirkt mehr als ein Faustschlag – fehlerhaft geübte Kritik.

Setzen Sie daher künftig Kritik und Anerkennung wohlüberlegt ein. Bei geschickter Nutzung dieser Führungsmittel lassen sich in den meisten Fällen die Arbeitsziele bei gleichzeitig größerer Zufriedenheit der Mitarbeiter erreichen. In dem Maße, wie es Ihnen gelingt, Ihren Mitarbeitern zum Erfolg zu verhelfen, werden Sie als Vorgesetzter und Ihr Unternehmen von diesem Erfolg ebenfalls profitieren.

Erinnern wir uns:

Fehlerhaft geübte Kritik lähmt, Anerkennung jedoch belebt!

Daraus ergibt sich die unabdingbare Forderung:

Psychologisch einfühlsamer und weniger kritisieren – dafür häufiger anerkennen!

Die beschriebenen Erkenntnisse, Beispiele und Schlussfolgerungen sollen Ihnen bei der praktischen

Anwendung von Nutzen sein. Natürlich können sich nicht alle Hinweise in allen möglichen Situationen ausnahmslos bewähren. Schließlich ist jeder Mensch unersetzbar, einzigartig und unvergleichlich.
Aber mit diesem Büchlein steht Ihnen ein ausführlicher Orientierungsrahmen zur Verfügung, der noch mit Ihrem Gespür für das Verhalten Ihrer Mitarbeiter auszufüllen ist. Dabei wünschen wir Ihnen – vor allem im Interesse Ihrer Mitarbeiter – eine glückliche Hand und viel Erfolg.

Musterlösungen

Lösungsvorschlag zur Übung auf Seite 18:

Die Nummern 1, 2, 4, 6, 8, 9 und 11 berühren die Person des Kritisierten.
In den Nummern 3, 5, 7, 10 und 12 wird jeweils ein Leistungsaspekt in den Vordergrund gestellt.

Lösungsvorschlag zur Übung auf Seiten 31/32:

Zu 1.: Ich bin nicht so schnell mitgekommen.
Zu 2.: Ich habe das nicht ganz verstanden.
Zu 3.: Ich habe noch ein Problem mit den Zeiträumen.
Zu 4.: Ich sehe noch nicht ganz klar in dem Punkt ...
Zu 5.: Ich sehe noch keinen Zusammenhang.
Zu 6.: Ich möchte mit Ihnen noch eine Sache klären.
Zu 7.: Ich habe mich nicht gut ausgedrückt.
Zu 8.: Ich muss gestehen, dass mich Ihr Argument ... besonders überrascht.
Zu 9.: Ich merke, die Vorschläge ärgern Sie.
Zu 10.: Bisher schwiegen Sie, ich würde auch gerne Ihre Meinung hören.
Zu 11.: Ich mache mir um Ihre Arbeitsleistung Sorgen, wenn Sie so viel Zeit mit den Kollegen verbringen.

Weiterführende Literatur

- Birkenbihl, Vera: Kommunikationstraining. Landsberg: Moderne Industrie 2004
- Fröhlich, Peter: Kritisieren, aber richtig. München: Neuer Merkur 2006
- Gehm, Theo: Kommunikation im Beruf. Weinheim/Basel: Beltz 1998
- Leicher, Rolf: So führt man Kritikgespräche richtig. Grafenau: Epert 1995
- Meier, Rolf: Richtig kritisieren. Regensburg: Fit for Business, 1999
- Schulz von Thun, Friedemann: Miteinander reden. Hamburg: Rowohlt 1998
- Stroebe, Guntram: Gezielte Verhaltensänderung. Heidelberg: Sauer 2000
- Tierney, Elizabeth: 30 Minuten für erfolgreiche Kommunikation. Offenbach: GABAL 1998

Register

Zu diesem Themenkreis sind bereits erschienen:

Hans-Jürgen Kratz
30 Minuten für richtiges Feedback

ISBN 3-89749-514-7

Moritz Boerner
30 Minuten für die Auflösung von Ärger und Frustration

ISBN 3-89749-513-9

Reinhard Philippi
30 Minuten für die persönliche Inszenierung

ISBN 3-89749-515-5

Peter Heigl
30 Minuten für faires Streiten und gute Konflikt-Kultur

ISBN 3-89749-295-4

Peter Heigl
30 Minuten für Philosophie Teil 1 Geschichte und Strömungen

ISBN 3-89749-446-9

Peter Heigl
30 Minuten für Philosophie Teil 2 Philosophen und ihre Lehren

ISBN 3-89749-478-7

GABAL Verlag GmbH
Postfach 200 252, 63077 Offenbach
Tel.: 0 69/83 00 66-0; Fax: 0 69/83 00 66-66
www.gabal-verlag.de
E-Mail: info@gabal-verlag.de